5分钟生物课

100个脑洞大开的趣味问答

冯智 / 著

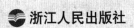
浙江人民出版社

图书在版编目 (CIP) 数据

5 分钟生物课：100 个脑洞大开的趣味问答 / 冯智著 .
— 杭州：浙江人民出版社，2021.1（2023.8重印）
ISBN 978-7-213-09797-3

Ⅰ . ① 5… Ⅱ . ①冯… Ⅲ . ①生物学—问题解答
Ⅳ . ① Q–44

中国版本图书馆 CIP 数据核字（2020）第 137892 号

本书中文简体版由北京行距文化传媒有限公司授权浙江人民出版社在中国大陆地区（不包括香港、澳门、台湾地区）独家出版、发行。

5 分钟生物课：100 个脑洞大开的趣味问答

冯智 著

出版发行：浙江人民出版社（杭州市体育场路 347 号 邮编：310006）
　　　　　市场部电话：(0571) 85061682　85176516
责任编辑：王　燕
营销编辑：陈雯怡　张紫懿　陈芊如
责任校对：戴文英
助理校对：何培玉
责任印务：幸天骄
封面设计：北京红杉林文化发展有限公司
电脑制版：尚艺空间
印　　刷：杭州丰源印刷有限公司
开　　本：710 毫米 ×1000 毫米　1/16　　印　　张：13.75
字　　数：154 千字　　　　　　　　　　插　　页：2
版　　次：2021 年 1 月第 1 版　　　　　印　　次：2023 年 8 月第 5 次印刷
书　　号：ISBN 978-7-213-09797-3
定　　价：49.80 元

如发现印装质量问题，影响阅读，请与市场部联系调换。

目 录

第 2 章

植物：广袤大地的守护者

第 3 章

小生物大视野：奇趣特种兵

第 4 章
微生物：显微镜下的世界

第5章

基因：神奇的生命密码

第 1 章

动物
驰骋海陆空的多彩生命

第 1 课

从吃肉到啃竹子，熊猫的进化之路走反了吗?

大熊猫吃竹子，这是每个人从小就知道的事实。不过，我若是告诉你，大熊猫一开始以食肉为生，恐怕你会大吃一惊。根据生物分类法，大熊猫属于哺乳纲食肉目，而大熊猫的祖先就是实打实吃肉的猛兽。

相较于食草动物，大熊猫与食肉动物更类似，下面我们以消化道的布局为例来加以说明：从消化道的长度来看，食肉动物的消化道比较短，大概只有自身体长的几倍；而食草动物的消化道通常为自身体长的十多倍。虽然大熊猫"吃素"，但是它的肠道非常短，跟食肉动物相近。从胃的个数来衡量，像牛、羊等反刍动物具有多个胃室，而大熊猫只有一个胃室，这样简单的胃让大熊猫难以对纤维素进行充分消化吸收。事实上，竹子在大熊猫的肠道内停留的时间只有 4~12 个小时。现在，大熊猫还是以吃竹子为主，只会偶尔补充一下肉食。

可是大熊猫怎样用一个本属于食肉动物的消化系统，去消化占自己食谱 99% 的竹子呢?

科学家对大熊猫的基因组进行了测序，希望找到一些能够编码消化纤维素的酶的基因，结果一无所获。除了酶之外，某些细菌也可以帮助消化植物中的纤维素，于是科学家继续研究粪便中的基因序列。

科学家发现，确实有类似的细菌出现在大熊猫的消化道内，其中一些还是大熊猫独有的。这就解释了为何大熊猫的肠道内部环境如此独特。一方面，大熊猫跟大多数的食草动物不在同一个分支上；另一方面，大熊猫具有个性化的食谱。以上两方面原因造就了大熊猫独特的肠道内部环境。

即便有肠道内部菌群的加持，大熊猫也只能拥有消化纤维素的能力，而无法从竹子中获取足够的能量。那么，大熊猫是如何成为萌萌的食草动物的呢？一种科学的推断是，在远古时期，由于人口急剧膨胀和人类活动增加，大熊猫被迫迁往高海拔地区。为避免与新家园的食肉动物竞争，大熊猫就以吃竹子为生了。当然，这也是由于它们本身能力有限，无法与其他猛兽竞争。在此基础上，大熊猫还养成了不爱动的省时省力的生活方式，从而在有限的食物养分供给下，能最大程度地提升生存概率。如今看来，这种"退一步海阔天空"的方式确实救了大熊猫。远古时凶猛的食肉动物如今已经所剩无几，大熊猫被迫吃竹子反而幸存了下来，正所谓"识时务者为俊杰"。

当然，大熊猫吃竹子时也充满智慧，它们挑选食材的能力很强，对于营养最优的竹子种类和部位从来不放过。不过，值得注意的是，大熊猫吃肉的能力还在，只是不主动捕食动物。你如果不相信，看一看它锋利的牙齿就会明白。因此，下一次再见面，你可不要被它憨态可掬的面目欺骗了，要知道这家伙当年也是"惹不起"的存在。

第 2 课

果子狸是 SARS 的"元凶"吗?

2003 年,SARS 病毒疯狂传播到全球 32 个国家和地区。面对突如其来的病毒,科学家努力寻找 SARS 的"元凶"。事情的转机出现在科学家从果子狸标本中分离得到的三株 SARS 样病毒,而动物的 SARS 样病毒是人类 SARS 病毒的前体,于是,果子狸成为千夫所指的元凶。其中的病毒传播链条被猜测为:由于人类进食了野生果子狸,潜伏在果子狸身上的病毒就被传递给了人类。

那么,果子狸是一种什么样的动物呢?

果子狸又称花面狸、白额灵猫等,是脊椎动物中哺乳纲食肉目灵猫科的小型兽科动物,常见于我国南方地区,尤其是广东、福建、四川等地。果子狸是一种杂食动物,换言之,什么都吃。无论是野果、树叶,还是果园中的水果,只要是能够找到的食物,它都来者不拒。在某些情况下,它还会吃自己的粪便,这一点可真让人大跌眼镜。

自从果子狸被扣上了"非典元凶"的帽子,这顶帽子一戴就是十多年。不过,也有人提出了不同意见,因为动物可以把病毒传染给其他动物。也就是说,果子狸也可能是被其他真正携带病毒的生物感染的,因此,果子狸只是"疑凶"之一。不过,在某种程度上,果子狸也"因祸得福"。因为受到经济利益的驱使，很多人在野外大肆捕杀果子狸，从而导致它的数量急剧下降，现在，SARS病毒堵住了这些贪婪之口，让果子狸可以无忧无虑地繁衍生存。

目前，通过多种技术手段得到的数据和证据都表明，SARS病毒的直接来源是野生动物市场的果子狸，但SARS冠状病毒的源头究竟在哪里呢？研究人员把目光锁定到了蝙蝠身上，因为从蝙蝠身上分离得到的一株SARS样冠状病毒，与SARS病毒高度同源。事实上，研究人员从各大洲的蝙蝠体内，不止一次发现了与SARS病毒相似的SARS样冠状病毒。不过，这些病毒无法利用人与果子狸体内的ACE2（人SARS病毒受体）作为受体，因此被排除在外。不过，这一次情况有所不同，因为研究团队从中华菊头蝠中分离得到的SARS样冠状病毒可以利用上述ACE2作为受体，并且能感染人、猴、猪等。这进一步证实了中华菊头蝠是SARS冠状病毒的天然宿主。中华菊头蝠是翼手目菊头蝠科的一种，眼小耳大，主要分布在我国南部地区，在越南等地也有分布。

果子狸即便不是天然宿主，也至少属于中间宿主，因此，以果子狸为代表的野生动物不应该成为人类满足口腹之欲的对象。寻找病毒的宿主固然重要，但人类需要明白，大自然已经发出了严厉的警告，保护生态环境、珍爱每一个物种不是泛泛之谈，人与自然需要和谐共处。病毒、细菌等微生物在大部分野生动物身上都存在，而且有些种类是人类科学尚不能全面理解的。为了避免对健康产生不可逆的影响，请禁止交易和停止食用野生动物。

第3课

穿山甲竟然是"森林卫士"?

众所周知，害虫对森林环境的破坏是相当严重的。当森林遭受虫害的时候就需要"森林卫士"站出来。

提到"森林卫士"这个称号，很多人会想到啄木鸟，其实，穿山甲也当得起这个称号。

穿山甲，学名"鲮鲤"，属于脊椎动物，哺乳纲鳞甲目穿山甲科，主要分布在我国南方，爱吃白蚁和蚂蚁。穿山甲一般体长50厘米左右，头小，吻尖，口、耳、眼都小，舌头细长，因为没有牙齿，所以吃东西都是囫囵吞下。它白天在洞里养精蓄锐，晚上四面出击。穿山甲视力不佳，不过嗅觉异常灵敏，能够依据零星的蚂蚁踪迹和气息，在半径150米的区域内准确地找到蚂蚁巢穴所在地。

穿山甲对付白蚁很有一套。如果白蚁在地表活动，那么穿山甲就直接舔舐地面上的白蚁。有时穿山甲也会使用一些计谋，它们会躺在地上装死，把身上的鳞片打开，用嫩肉吸引白蚁，等白蚁爬满全身后，再把鳞片关闭，然后把这些白蚁带到水中，白蚁漂浮到水面上，由此穿山甲就可以轻松享用"美味大餐"了。穿山甲还可以直接摧毁蚁穴，然后在废墟中吐出细长的舌头，通过舌头上分泌的特殊腥味，将蚂蚁大量吸引过来，从而完成"一锅端"。如果白蚁躲在蚁巢内活动，那么穿山甲就挖蚁巢取食。在取食前，它会使用"喷气测蚁术"：首先把出口挖大，用鼻吻堵住，然后用力向内喷气。如果它继续往更深处挖掘，那么说明蚁巢离洞口不远；若它放弃挖掘，则意味着蚁巢离洞口很远。科学家发现，这种喷气感知蚁巢距离的方法，准确率几乎为100%。科学家猜测，穿山甲的鼻腔可以极其敏锐地感知气体压力的变化，这一点可能在未来的仿生学上派上用场。

当穿山甲开始挖掘时，尖锐的前肢用来刨土，后肢则配合着将挖出的土推至洞外。通过前、后肢的协调，穿山甲挖洞的效率非常高，一小时就可以挖出一条四五米长的通道。这样辛劳的工作必然会有丰厚的回报，因为打开一个白蚁巢，穿山甲就能美美地饱餐一顿了。当然，穿山甲也不浪费，如果白蚁巢非常巨大，一次吃不完，它就会用泥土封住洞口，下次再来食用残存的白蚁。就算白蚁巢在树上，穿山甲也不会放过，这时，强壮的前、后肢再次派上用场。穿山甲可以爬上树把白蚁群吞食一空，吃完还可以在树上打个盹。穿山甲下树的方式别具一格，它只要把身体团起来，就能沿着树干滚下来。

除了脸部和腹部外，穿山甲从头到尾被六百多块鳞片覆盖着。这些鳞片硬如钢铁，犹如刀枪不入的盔甲。因此，在遇到强敌，又找不到洞穴可以藏身时，穿山甲只要将头往腹部弯曲，用长尾将全身裹得严严实实的，就可以让虎爪豹牙对它无可奈何。作为国家二级保护动物，穿山甲每年可以挽救几十公顷的森林，以免树木落入蚁群之口，为保护森林资源做出了巨大的贡献，因此，它是当之无愧的"森林卫士"！

第4课

为什么后颈肉是猫的"命门"？

对于"喵星人"的主人而言，自家小猫不听话确实是件让人很头疼的事。有人曾试过很多方法，但似乎都不能让它们安静下来。不过，很多经验丰富的养猫人都知道一个秘密：当你用一个普通夹子夹住猫咪后颈时，猫咪就会拱起背部，将尾巴收到两腿中间，像被定住一般不动了；去掉夹子，猫咪又恢复正常，活蹦乱跳起来。难道这就是传说中的"点穴神功"？

显然，这是开玩笑的。对于这一现象，大家有不同的猜测。有人认为猫脖子后的肉是"死"的，捏上去不疼；还有人认为掐猫脖子后的肉可以阻断神经通路。不过，这些猜测都没有说明问题。科学家检测了猫咪的各项生理指标，发现猫咪被夹住后颈时的这种乖顺行为与恐惧或伤痛无关，因为瞳孔没有放大、心跳也没有加速的迹象。事实上，猫咪不但瞳孔没有放大，反而心率和呼吸都会减缓，呈现出一种很舒服的状态。

仔细观察猫妈妈和猫崽崽的互动，你会发现，猫妈妈挪动幼崽使用的就是这种方式。特别是在野外遇到危险时，猫妈妈会叼着小猫逃走，而猫妈妈叼的位置，正是小猫的后颈。科学家用了一个更为恰当的词来描述这种镇静行为——捏掐诱导的行为抑制[1]现象。

科学家认为，这种行为与"母猫运送幼猫"有一定关系。在自然界中，幼年动物被妈妈"点穴"叼起的现象在很多动物中都存在，比如小鼠、兔子、狗等。相似的镇静效应不仅在小鼠中存在，也在婴儿中存在。人类抱婴儿的举动跟哺乳动物叼幼崽的行为类似，而且，当母亲抱着哭泣的婴儿来回走动时，婴儿也有三个典型的生理反应——停止哭泣、顺从和心跳减速。

为了进一步探究这种行为背后的机制，科学家用小鼠进行了研究。他们利用局部麻醉和药物阻断的方式，影响小鼠后颈皮肤的感知，结果小鼠再被叼起时，没有表现出充分的行为抑制效果，也就是没有表现顺从的一面，这说明触觉输入在小鼠捏掐诱导的行为抑制现象中扮演了重要角色。科学家进一步通过手术移除小鼠的一部分脑区，发现这种现象与小脑皮层有关。换言之，如果没有感觉到后颈被叼住，幼崽就不会安静下来；小脑接收不到信号，幼崽就不会顺从。事实上，这一简单的行为背后隐藏着深刻的进化法则。因为幼崽行动力有限，且不听话，存在迷路以及被其他捕食者发现的危险，所以，母亲通过叼住它们的后颈进行转移，这是一种保护机制。因此，小猫要是不听话，主人可以尝试揪住猫颈后方的这块肌肉，给小猫一种"我被妈妈叼起来"的错觉，这样它就会特别乖巧。当然，一旦放开这块肌肉，小猫又会活蹦乱跳起来。

---

[1] 捏掐诱导的行为抑制：通过捏、掐等手段在特定部位施加无害压力，对猫、兔子等动物进行安抚和镇定，从而诱导其产生约束反应。

第5课

裸鼹鼠诠释"长得丑，活得久"？

裸鼹鼠是一种奇特的生物。这种啮齿类动物具有完全社会性，住在地下蜿蜒崎岖的洞穴中。裸鼹鼠的新陈代谢水平低，对缺氧环境耐受，还具备触觉灵敏、视觉不强、痛觉缺失等众多特点。因为全身无毛、牙齿外突，裸鼹鼠可以说是动物王国中最丑陋的物种之一。然而，这样长相特别的裸鼹鼠，却引起了癌症研究者的注意。

尽管啮齿类动物在系统发生①上是相关的，但它们的寿命有很大的差距。其中裸鼹鼠的寿命相对较长，可以超过 30 年，长于大多数相同体型的物种。这种寿命差距大约有 10 倍。而 10 倍的寿命差异，显然不是通过药物或饮食干预就能轻松缩小的。之所以用啮齿类动物进行研究，是因为啮齿类动物有着跟人类相似的衰老过程，特别是患某些典型的疾病时，例如癌症。

发生癌症时，细胞会呈现三个主要特征：细胞复制能力增强；细胞不再死亡；细胞不被约束在某处，而是在全身迁移，导致癌症扩散。裸鼹鼠的天然抗癌能力与哪一点相关呢？

---

① 系统发生：生物形成、进化的发展历史，包含生物进化规律及物种间亲缘关系。

研究发现，裸鼹鼠的抗癌能力与接触抑制相关，即正常动物细胞相互接触时会停止增殖。由于接触抑制的存在，肿瘤的生成受到控制，而癌细胞则失去了接触抑制的能力。通过接触抑制，裸鼹鼠形成了独特的抗癌机制。其中涉及的关键物质是透明质酸。它是裸鼹鼠细胞分泌的一种多糖，是细胞外基质中主要的非蛋白质组分，也是开启裸鼹鼠细胞接触抑制的关键。

　　裸鼹鼠的皮肤结缔组织中，含有大量高分子量形式的透明质酸，而在小鼠或人体内对应的透明质酸含量不足裸鼹鼠的五分之一。来自裸鼹鼠的透明质酸分子不仅比人类和其他哺乳动物的要大，而且含量也更多。拥有这种透明质酸分子对于裸鼹鼠的生存十分有利，特别是它在地下挖洞的时候，这种物质可以使皮肤维持富有弹性的状态，延缓松弛。

　　让研究者更感兴趣的是，这种高分子量形式的透明质酸，可以抑制正常细胞转化成癌细胞；而去除它后，裸鼹鼠的正常细胞转化为癌细胞则不再受到抑制。因此，研究者推测，或许抑制细胞的快速分裂正是这种高浓度的透明质酸作用的效果，这就意味着它可以抑制癌细胞的生长和扩散。因为这种透明质酸可以增加细胞间的敏感性，一旦距离过近，就会阻止细胞分裂。

　　调控透明质酸含量，即减慢透明质酸降解或者促进透明质酸合成，也许会成为防治癌症的新方法。

第6课

为什么斑马没有被人驯服?

相信很多人想象过策马奔腾的画面,马跟人类有着密不可分的关系。在交通不发达的过去,马是陆地上最快的交通工具。人类驯化马的历史非常悠久。在亚欧大陆,人们很早就用马来拉车。在广袤的非洲土地上,应该同样存在人们通过驯养动物来完成运输的现象。而斑马作为非洲大陆最普遍的马科动物之一,拥有黑白相间的条纹(一种融入环境的保护色),体形壮硕,看起来是很好的畜力,为什么人类没有驯化它们呢?

人类不是没有想过这个问题,也努力进行了一番尝试,而且把斑马变成了动物园的观赏动物。不过,再想进一步驯化就困难重重了。

一开始,人类对于驯化非洲斑马充满信心。第一步,把斑马带离非洲大地,来到温带地区,因为当时驯化的斑马主要服务于欧洲的马戏团。那时,斑马被要求进行各种舞台表演。在人为控制下,这些来自非洲的野兽好似变得非常乖顺。可事实果真如此吗?其实,那个时候,斑马的驯化更多的是一种夺人眼球的行为,斑马也只能短暂地完成运送人类、表演马戏等简单任务,而其与生俱来的野性并没有被驯化。事实上,斑马胆子小,容易受惊吓。一旦受到惊吓,斑马就会出现狂奔、冲撞、踢踏等不受控的行为，严重时会造成人员骨折、内脏出血，甚至死亡，其"火爆"脾气可见一斑。

桀骜不羁的性格和后蹄的力量是驯服斑马最大的障碍。要知道，斑马能在非洲草原上生存，依靠的不仅是这身黑白条纹"衣服"，强健的后蹄也起了重要作用。这对后蹄不仅在奔跑时十分有力，在与肉食动物的搏斗中亦是威力十足。在不少自然纪录片中，后蹄是斑马威慑和反击捕食者的重要武器。当对方发动袭击时，斑马就可以用后蹄发力踢踩，一旦对方被踢中头部，轻则骨折，重则直接死亡；万一被踢到下颚，就算侥幸存活，也会因为骨折无法进食而饿死。想让斑马学着拉马车，那驯化过程中斑马可比一般马凶悍多了，人一不小心就会被它咬住，咬住了它可不会松口，更别提给它装上马鞍或者骑上去了。

事实上，人类驯化动物的战绩很差。据统计，在148种野生大型食草哺乳动物中，最后只有14种经过人类的驯化变成了家畜，而且成功的例子都出现在欧洲和亚洲。总结经验后，人们发现，没驯化成功的各自存在问题，而驯化成功的动物则有相通之处，以下特点必不可少：第一，食量不太大，不太挑食；第二，生长速度快；第三，人力能够安排繁殖，求偶不复杂；第四，要乖（不懂的看一下斑马）；第五，要麻木，被捕猎时不会做出强烈反应；第六，乐于接受驱使。

回过头再看一下斑马的驯化过程。事实上，相比其他动物，人类驯化斑马的时间并不长。猫、狗都花了成千上万年才与人类建立紧密的联系，这么看来，无法驯化野性十足的斑马也是情有可原的了。

第7课

象鼻是怎样变长、长、长的?

大象虽然身形庞大，却容易给人以亲切感。人们对于大象的认知，除了芭蕉扇一般的巨型耳朵外，就是那一条长度惊人的鼻子了。象鼻子不但能四处摇晃，还可以从地上卷起物体，其灵活性跟人类的手臂差不多。那么，大象独特的鼻子是怎么进化而来的呢？

首先，大象的长鼻子不是为了独树一帜，而是有非常重要的实际用途，其中之一就是饮水。对于体型较小的动物而言，它们低头就能在河边喝到水，但对于大象而言，低头可不是件轻松的事，这时候它们长长的鼻子就派上用场了。它们先将水吸入鼻孔，然后将鼻子卷起，把鼻子前端放入嘴里，这样它们就能喝到水了。其次，象鼻还有取食、防御等作用，甚至可以当"苍蝇拍"驱赶蚊虫。

比较特别的是，象鼻尖端感知敏锐，其神经末梢能够发现细微的响动，因此，象鼻是大象的探测器。大象可以通过经常性地调节鼻孔来获取信息。

可见，大象鼻子拥有很多功能。那么，它为什么这么长？曾经有一个故事，说大象的鼻子本来很短，被鳄鱼拽住，硬生生给拉长了。这故事很风趣，但也说中了一个事实：大象的鼻子不是一开始就这么长的。大象是哺乳纲长鼻目下的物种，其始祖大约在六千万年前开始出现，也就是恐龙时代结束五百万年后。这种被命名为 *Eritherium azzouzorum* 的史前兽类，体型不大，没有长鼻子，但由于其牙齿特点与大象类似，而被认为是长鼻类动物目前已知的最早的祖先。

在进化发展中，大象的始祖逐渐出现体型增大的趋势，特别是獠牙的长度进一步发展，这导致其吃食、喝水有些费劲，于是长鼻子就这样进化而来。为满足饮食需求，它的鼻子先发展到了一定的长度。根据化石资料，大约到了三千万年前，连接原始长鼻类和现今长鼻类的最关键物种——古乳齿象出现了。古乳齿象是第一种长鼻子的大象。一方面，鼻子加长有利于进食；另一方面，下巴也逐渐缩短，避免被折断等状况发生。随着第四纪冰期的到来，象类的命运发生了翻天覆地的变化，乳齿象类灭绝，它们的后代真象类因更适应冻寒的天气而存活下来并繁衍开来，扩大了自己的地盘。在真象类中，非洲象的起源早于亚洲象。

因此，大象的鼻子从短变长是一种进化。现在，当两头大象相遇时，一头会用鼻子碰触另一头的身体，或者将长鼻与对方的长鼻扭曲在一起，类似于人类的握手。大象通过这种问候方式，让对方放心。当然，两头大象也可以利用这个机会较量一番，看看究竟谁的力气更大。

人的鼻子里有软骨，但象鼻子里没有骨头。象鼻子里的肌肉条和神经组织数量很多，可以指挥鼻子进行活动，因此，象鼻子能完成很多细致的工作，比如像人手一样抓起食物送入嘴巴。

现在长鼻类的后代依然占据着非洲草原和亚洲丛林，而个性十足的长鼻子也将会陪伴它们走向未来。

第 8 课

为什么萌萌的树袋熊不怕有毒的桉树叶？

树袋熊，也叫考拉，是澳大利亚具有代表性的动物，生活在澳洲东海岸及内陆河流沿岸。树袋熊有一双水汪汪的眼睛，常常呈现忧郁的神色。它还有强劲有力的爪子，腹部有一个育儿袋，身体肥硕，没有尾巴，因外表有点像熊，因此被称为树袋熊。树袋熊在树上栖居。因为树袋熊是一种有袋类动物，科学家认为，树袋熊的祖先是曾在地面生活的袋熊类。树袋熊的前肢发育出尖利如钩的爪子，为它们在树上生活提供重要帮助。树袋熊看上去呆头呆脑的，会给人一种错觉：它们很好养活。果真如此吗？

事实上，树袋熊对生存环境特别挑剔，尤其是饮食方面。论食性独特，在众多动物中，树袋熊算得上是数一数二的，因为它们只吃桉树叶，离开桉树叶就无法生存。更令人称奇的是，不是每一种桉树叶都能被它们选中。在澳洲，大约有五百种桉树，只有二十来种是它们经常食用的，而其中它们喜欢的不超过五种。

选择桉树叶为食物，并不是因为桉树叶是美味佳肴，相反，桉树叶的营养价值并不高，而且纤维量特别高，这说明桉树叶并不容易被消化。在竞争激烈的自然界中，树袋熊可选择的食物不多，无人问津的桉树叶反而成为最容易获取的食材。对树袋熊来说，要想获取足够的能量，就要每天进食几百克的桉树叶，而这需要足够长的时间来消化。因此，树袋熊只能通过尽量不动来减慢新陈代谢，从而让食物尽可能地留在消化系统中，让它们得到最大程度的消化，只有这样，树袋熊才能获得尽可能多的营养物质。

桉树叶很坚硬，树袋熊能够选中它作为食物并将其消化，已经很令人不可思议了。更令人不可思议的是，桉树叶还富含带有毒性的可溶性酚类化合物单宁。单宁可以与相应蛋白质形成复合物，并且一般的降解对其无效，对于许多食用它的物种都具有毒性，一般动物吃了可能会造成严重后果，那为什么树袋熊能够以桉树叶为食呢？

科学家检查树袋熊的身体结构，发现树袋熊有一个特别的消化器官——长达两米的盲肠。这里是执行纤维消化功能的重要场所，同时还担负解毒的特殊任务。完成解毒这件事情的，并不是树袋熊自身，而是"不起眼"的帮手。在盲肠中，有百万数量级的微生物，它们不仅在消化桉树叶纤维的过程中发挥重要作用，还能进行超强解毒。特别是一类被称作"单宁—蛋白质—复合物降解肠细菌"的，它们可以将桉树叶中的毒素分解。一旦分解，桉树叶便跟其他的树叶没有什么两样了，因此，树袋熊可以放心食用。同时，长时间的睡眠也能帮助树袋熊进行更好的解毒。因此，树袋熊不是真的懒，它只是想获得一种更"安全"的生活。如果下次看到树袋熊两颊圆鼓鼓的，记得千万不要打扰，那是它先把食物贮存在食囊里，准备慢慢享用。

第9课

猩猩可以像人一样说话吗？

朗读、背诵、发言、演讲等语言活动，是人类特有的语言交流方式。能够用复杂的语言交流，是人类与其他动物的本质区别。为什么其他物种（比如和人类亲缘关系非常接近的猿类）无法说出完整的语句呢？

动物具备发声器官，这是说话的先决条件。不过，拥有发声器官的生物不少，为什么只有人类会说话表达，而其他的生物只能发出单词，无法说出成型的语句呢？这种差别让科学家很好奇，他们想，是不是可以培养跟人类亲缘关系很近的物种（比如培养类人猿）说话呢？这件事可行吗？

事实上，培养猿类说话的实验在 20 世纪 50 年代就有人尝试过。黑猩猩和人类拥有接近 100% 的基因相似度，这让它成为一个很好的范本。同时，黑猩猩的智力水平与三岁婴儿相近，因此，一对美国夫妇将黑猩猩与自己的小孩一起养育，给予双方相同的语言学习环境，原本期望他们在语言学习上能共同进步，然而结果却是黑猩猩只能发出几个简单的英语发音，词汇的表达也相当有限。除此之外，再无进步可言，反而由于更快的发育水平，在一定程度上给人类的孩子做出了不好的示范，拖慢了孩子的语言发展进程，实验也不得不终止。虽然这一次失败了，但是人类仍在尝试，不过，这条路始终没有走通。

以黑猩猩为例。在语言学习上，黑猩猩未能表现出足够的能力。不过，在手语学习上，黑猩猩的表现令人眼前一亮。曾经有人训练黑猩猩掌握了上千个手语单词。之所以出现这种变化，主要在于黑猩猩本身就擅长表现多达上百种肢体语言。

虽然拥有发声器官，但是在器官构造上，黑猩猩与人类的结构差异明显，首先黑猩猩的肌肉构造和神经连接跟人不同，导致声音调节的途径很不一样。以元音和辅音为例，黑猩猩发不出声来的原因主要在于以下几个方面：一是黑猩猩的喉部位置比人高，喉腔较小，而且口腔形状更长、更平；二是由于黑猩猩的声带弹性不足，因此，人类在发声时能调控气息，但黑猩猩做不到，产生的声音也就无法保持稳定，只能变成含混的吼叫。人们经过进一步研究后发现，黑猩猩发出吼叫这种行为，由大脑皮层下的控制情绪的功能区进行调控，而不是位于左脑的控制语言能力的区域发挥作用。

科学研究表明，说话的能力取决于相应的神经基础。经过比较，虽然类人猿的大脑与人类的相近，但是脑容量差异显著。大黑猩猩的脑容量只有人类大脑的一半，黑猩猩的脑容量则是大黑猩猩的一半。纵然发声结构比较类似，但是较小的脑容量无法承担语言的重任。在大脑皮层的构造上，黑猩猩远没有人类发达，尤其是大脑皮层中作为联系中枢的额叶。即便费尽心力教会黑猩猩使用手势语言，但是智能上巨大的鸿沟难以逾越。因此，或许在某些情境下，黑猩猩能够表达出一些语音和字眼，但要让黑猩猩像人类一样说话还是极其困难的。

第 10 课

为什么睡鼠是"慢生活"的代表?

　　自然界跟人类社会在很多情况下是很相似的。勤劳的生物,如蜜蜂,勤恳地采集花蜜。但是也有很多生物,生存方式比较别致,如果要用一个词来形容,那就是"比较懒",睡鼠就是其中的典型。睡鼠真的是"鼠如其名",睡觉是它一生中最大的乐趣,一旦冬眠起来,一大半时间都在睡觉,如果天气凉爽适宜,它还会睡得更长。

　　睡鼠长相呆萌,小巧可爱,一看到它,人们就会不禁感叹大自然造物的神奇。睡鼠长着毛茸茸的尾巴,在乔木和灌木间活动,种类有十多个(如榛睡鼠等),而且分布比较广泛,在欧洲、亚洲、非洲等地均有其活动的身影。相比于老鼠,它们更接近松鼠。不过,大部分松鼠在白天活动,而睡鼠总在夜间出没。睡鼠在一年中有 75% 的时间用在睡觉上。即使在最活跃的夏天,它们白天也照睡不误,直到晚上才出来觅食活动。

　　很多动物都会冬眠,这是一种通过不吃不喝减少消耗、降低新陈代谢等生命活动,从而度过极端气候的应对方式。一提到会冬眠的哺乳动物,熊和刺猬就会第一时间在人们的脑海里浮现。在会冬眠的哺乳动物中,啮齿目的种类相当多。不过,睡鼠的冬眠状态不一般,它进行的是完全冬眠。在自然界以完全冬眠著称的动物中，大概它是首屈一指的。睡鼠的冬眠时间格外长，足有七八个月。睡鼠进入冬眠前，需要通过大量进食进行能量储备。体重足量增加后，睡鼠会建一个窝，或者在树洞、岩石缝里找个藏身之地。找到一个舒适的地方后，睡鼠的身体会蜷缩成球状，然后在这里度过整个冬天。

睡鼠进入冬眠时，会呈现一种假死状态，环境中的声音很难把它们吵醒，因此，这个时候也最容易受到伤害。整个冬眠过程中，睡鼠储存的能量在慢慢地消耗。由于冬眠时间过长，睡鼠必须减缓身体内的新陈代谢活动，不然就有饿死的风险。

跟其他动物冬眠时一样，睡鼠的呼吸变慢，同时心率降低，这些措施可以保证它们在漫长的冬眠期间能够存活下来。跟其他冬眠动物相比，同等环境中，睡鼠的身体代谢更加缓慢。以呼吸频率为例，当气温在零摄氏度以上时，冬眠的睡鼠每十分钟呼吸一次；进入深冬时期后，睡鼠的呼吸减慢到每小时呼吸一次。像小型棕蝙蝠，它们的冬眠也有几个月之久，不过呼吸频率比睡鼠要高，因为睡鼠需要坚持更久的时间。

经过漫长的冬眠后，睡鼠逐渐消耗掉储存的脂肪。春天来临，睡鼠也醒过来了，这时，饥肠辘辘的睡鼠需要进补能量，而它所能利用的时间，只有下一个冬眠前的短暂夏天。因此，对于饲养睡鼠的工作人员而言，最重要的一点就是多次测量它的体重、脂肪含量等数据，只有这样才能保证睡鼠不会在漫长的冬眠中饿死。

第11课

为什么灯塔水母可以"长生不老"？

影视剧经常上演返老还童的故事，很多人看了之后不禁感叹，要是真能越活越年轻，那人生就不会有太多遗憾了。对于人类而言，这是现阶段不能实现的梦想。但放眼自然界，确实有一种生物能实现返老还童，并且永生不老，这就是来自海洋世界的灯塔水母。

在揭秘灯塔水母这项神奇的能力之前，我们不妨先来了解一下相关的背景知识。灯塔水母最早在加勒比海被发现，体长只有四到五毫米，以小型浮游生物为食，带有毒液的触手是其捕食利器，在分类上它属于水螅虫纲。理论上，如果没有被吃掉或者生病而亡，灯塔水母是不会死的，因为它的生命可以循环往复。

一般情况下，水母在体外完成受精，产生浮浪幼体。浮游一阵的幼体会逐渐下降，最终的落脚点在海底基质上，形态也会转变成具有基盘和触手的水螅体。之后，水螅体自身发生横裂，成为两个部分，任何一部分都会发育成横裂体。当它生长到一定程度，与水螅母体分离，经过一段时间的浮游生活后，进入下一个成长阶段——水母体。水母性成熟后，准备延续后代，最终失去活性，与大海融为一体。

如前所述，一只水母在完整的生命历程中存在两种典型形体：一种是水螅型，在海床等基底上固定着，通过挥舞触手进攻和防御；另一种是水母型，它可以漂浮在水中，拖着触手到处捕食。在水母的生命旅程中，这两种形体顺序出现，用一个生物名词来说，叫作世代交替。普通的水母性成熟之后繁殖下一代，最后以生命消逝在大海而告终。可是灯塔水母打破了这一生死命运的限制，也就是说，当它进入成年阶段之后，紧接着又回到年轻的时候，重新开始自己的生命历程，看上去就好像返老还童了一般。当它们持续循环这个过程时，就会呈现不死之身的状态。

灯塔水母拥有的这种超能力是什么呢？这种能力叫作转分化。转分化的意思是，生物体内存在不同种类的已分化细胞，这些细胞可以进行转化。其实，细胞水平上的转分化是水母中比较常见的现象，例如水母受损进行组织修复时，水母横纹肌细胞可以转分化成上皮细胞等多种细胞类型，因此，它们在体内有限部位就能完成相应的细胞转分化。

虽然转分化这种现象不是灯塔水母所特有的，但是它把这种能力最大化了，因为灯塔水母进行转分化是建立在整个个体的基础之上的。

通过以上信息我们理解了灯塔水母能够返老还童的原因，不过，人类若想将灯塔水母的转分化功能用于自身，显然还存在巨大的困难，因为人体内的细胞大多数处于高度分化状态，因此，通常条件下无法进行转分化。不过，人类肯定还会继续寻找长寿之路，相信未来人类的寿命还会进一步延长。

第 12 课

你相信鱼在水中也憋气吗?

练习游泳的时候，很多人不止一次希望自己可以化身成一条鱼，这样一来就能轻松掌握游泳技能，而不必练习枯燥的基本功，比如说憋气训练。相信小伙伴们都有在水中憋气的体验，特别是在没有其他设备辅助的情况下。可要是告诉你，某些鱼类在水中也有类似憋气的行为，你是不是会觉得不可思议？

这一次，科学家瞄准的对象是位于太平洋深处的科芬鱼，学名叫作恩氏单棘躄鱼，也被称作棺材鱼。科芬鱼是一种深海鱼类，通常体长在 10~22 厘米，身体柔软，背后拖着长尾，全身覆盖小刺。不过，科芬鱼长相不讨喜，无论是从正面看还是从侧面看，都有点丑。在研究过程中，研究者没有捕捞科芬鱼，而是通过摄影的手段，在水下对科芬鱼进行观测。

跟人类一样，鱼类的生存也离不开氧气。不过，由于呼吸系统的不同，以及鱼类属于变温动物，因此，鱼类并不需要那么多氧气。陆生动物靠肺从大气中吸收氧气，而鱼类则利用鳃吸收溶解在水中的氧气。鱼类呼吸的步骤通常是，将含有氧气的水吸入嘴中，提取水中的氧，再将水从鱼鳃排出。鱼类只能在一定程度上抵抗缺氧。当然，这要视情况而定。

不过，科研工作者从科芬鱼身上观察到了不太一样的现象。它们通过嘴巴充分吸入海水，随后并没有吐出或延续吸入的行为，而是维持这一状态数分钟之久，然后它们的身体如泄了气的球一样缩小。研究者观察发现，科芬鱼屏住呼吸的时间可能长达四分钟之久，最短也有几十秒。研究者发现，之所以可以坚持这么久，是因为科芬鱼的鳃室比较大，因此，在一定时间里可以储存大量水。为了研究科芬鱼憋气的原理，科学家还对其进行了 CT 扫描。扫描结果显示，"憋气"行为会导致科芬鱼的鳃室急剧扩张，从而帮助它们存下更多的水。

科芬鱼这么做的意义是什么呢？针对这一表现，研究者从科芬鱼的习性出发开始进行研究。科芬鱼出了名的懒惰，而憋气可以帮助它们节省能量。无论是吸水还是吐水，只要让水在鳃中流动，就会损耗能量，而含住海水就可以减少能量损耗。另外，从自我保护的角度看，胀大的身体也能警告潜在的捕食者。因为含满海水而让身体增大，就有一种"威风凛凛"的假象，从而减少被捕食的风险。这一点很容易让人联想到河豚。河豚是一种有趣的生物。当它被钓上来后，你会发现，它把自己鼓成了球状，看上去非常生气的样子。事实上，河豚不是通过憋气变鼓的，而是靠大量喝水才撑起来的。当然，这是在水中的情形，一旦放到岸上再想鼓起来，就只能靠空气了。不过，河豚跟科芬鱼不一样，因为河豚吸水后，水是从嘴里吐出来的，而科芬鱼是从鳃室吐出来的。

第 13 课

为什么章鱼如此与众不同？

说起章鱼，就不得不提 2010 年的南非世界杯，"章鱼哥"保罗连续成功预测八场比赛的结果，一时间让人们对章鱼这个物种大感好奇，章鱼也因此名声大噪。如果深入了解一下，你会发现，章鱼带给人的惊喜远不止这些。

事实上，章鱼是章鱼科 252 种海洋软体动物的通称。章鱼不是只有一个名字，像长章、石居、望潮等奇怪的名字，指的也都是它。论古怪，章鱼绝对榜上有名。从身体的构造看，它与地球上的已有生物都不像，跟人唯一的相似点是发达的眼睛。章鱼长有八腕，长短不一，腕上有上百个吸盘，用来在海底爬行。章鱼拥有蓝色血液，没有骨骼，有三个心脏，还有一个能分泌毒素的口器。

章鱼极其擅长伪装和逃命。通常，它的伪装术是用体色，而逃命术是弃"腕"保命。受到惊吓时，章鱼会喷射水流，然后迅速朝反方向移动。当然，章鱼也会喷射墨汁似的物质作为烟幕弹。不过，情急之下，章鱼也会开发出新技能。科学家曾经注意到一种会用两腕足"走路"逃生的章鱼。这种章鱼会把八爪中的六爪向上弯曲，只用另外两爪向后挪动。六爪向上形成椰子壳模样，模拟椰子的外观。同时，研究者发现，用两足"走路"的速度远大于八足行走。章鱼不仅能伪装成椰子，还能快速伪装成有毒生物，狮子鱼、水母等都是它经常模仿的对象。别的生物一看到它们，当然选择逃之夭夭了。除了通过伪装进行自保外，章鱼还善于通过伪装攻击其他生物。它们可以变换自身的颜色和姿态（这一点与变色龙类似），从而把自己伪装成各种生物，如珊瑚、岩石等。当猎物经过时，它可以立即扑向对方。

章鱼有两套记忆系统，一套是大脑记忆系统，另一套与吸盘相通，其中大脑拥有五亿个神经元。这种特殊的构造模式，也让它的思维水平超越普通动物。因此，研究者曾做过一个实验，将龙虾放入一个玻璃瓶中，用软木塞塞紧瓶口，章鱼绕瓶旋转几圈后，用触角固定瓶子，然后用其他触角挑动软木塞，最后通过各种方式尝试，成功拔掉塞子，饱餐一顿。这个实验说明章鱼拥有一定的独立处理复杂问题的能力。

当然，章鱼的聪明不止于此，科学家还发现，章鱼能够将椰子壳当作防御设施使用。它们可以用椰子壳和贝壳搭建自己的避难所。章鱼经常以虾、蟹为食，因为它们需要从虾、蟹中获得必需的虾青素。除此之外，章鱼对器皿有着深深的迷恋，经常藏身于空心器皿之中。当然，这也给了渔民可乘之机，他们把各种形状的罐子拴在长绳上，然后沉入海底，以此捕捉章鱼。章鱼作为一种"有头脑"的奇怪生物，越来越引起科学家的重视，关于章鱼的奥秘有待未来一点点揭晓。

第 14 课

亚洲鲤鱼如何成为美国 "噩梦"?

鲤鱼是餐桌上的常见食材之一。不过,这样一道美味却一度成为美国的 "噩梦"。你知道这是怎么回事吗?

关于亚洲鲤鱼入侵的背景,可以追溯到 20 世纪 70 年代。当时,在美国南部的鱼塘里出现了一些异常状况,藻类和水草生长繁盛,同时泛滥的还有寄生虫。为此,养殖户们大伤脑筋。于是,美国从国外引入亚洲鲤鱼。亚洲鲤鱼是美国人对青鱼、草鱼、鲫鱼及鲤鱼这些鲤形目鲤科鱼类的通称。之所以要引入亚洲鲤鱼,主要是从保护生态环境角度考虑的,因为亚洲鲤鱼可以清理河道,这样曾经困扰养殖户的藻类和水草问题就能得到有效解决。不过,凡事有利就有弊,美国人没有料到亚洲鲤鱼有超强的繁殖力,再加上是外来物种,在当地没有天敌,因此,亚洲鲤鱼在美国混得 "风生水起"!

它们从密西西比河一路北上,进入各支流中。这个新环境为它们提供了大量的食物,而且它们自身食量惊人,浮游生物很快就被它们一扫而空。不仅吃得好,而且没有天敌,天底下还有比这更舒服的生长环境吗?亚洲鲤鱼也不负众望,轻轻松松就长到一米多长,体重跟一个小孩差不多。这下美国人傻眼了,真是 "请神容易送神难"。

亚洲鲤鱼彻底成为当地的巨无霸。因为身强体胖，美国本土鱼根本不是它们的对手。它们在水里横行霸道，并且攻击力十足。它们不仅不拿当地鱼当回事，而且连人也不放在眼里。如果当地人驾船驶过，有些亚洲鲤鱼听到马达声，会突然一跃而起，攻击路人。为了尽可能地消灭它们，美国甚至鼓励民众举办各种捕鱼大赛。在这些捕鱼比赛中，捕鱼的方式千奇百怪。有的美国人脑洞大开，甚至想用弓箭射鱼，不管射没射中，总之，效率很低……更有甚者，邀请棒球高手加盟，用木棒击打它们，效果肯定也是不尽如人意。

这样的情况看似热闹，并不能解决实际问题，亚洲鲤鱼不仅数量未减，反而时不时"调戏"一下人类。用当地渔民的话说，亚洲鲤鱼异常机敏，不会轻易被钩住，还会躲避渔网。眼见这场"战斗"要变成持久战了，美国人抓狂了！在学者的建议下，美国人使用大招：投毒。在他们的想象中，只要在亚洲鲤鱼聚集的环境里投毒，就可以从根本上解决问题了。不得不说，美国人低估了这个来自神秘东方的"对手"。鱼确实被毒死了，但当美国人开始"收尸"检查时，发现不对劲了。因为在被毒死的鱼中，他们找不到几条亚洲鲤鱼，大部分被杀死的鱼类都是"自己人"。经过很多年的"斗争"，从简单的人工捕捉到主干河道设置电网，美国都没能完全清除这一外来物种。这件事提醒人类对于外来物种要引起重视，另外美国人或许需要转换下思路，也许改善下亚洲鲤鱼的实际利用率，问题就能迎刃而解。

第 15 课

鲸的"鼻涕"真的价值连城吗？

　　鲸浑身是宝，庞大的身躯为人类输出大量鲸肉、鲸油和其他产品。不过，环境恶化和人类滥捕、滥杀，特别是一些体型较大的鲸因为经济价值高而遭大肆捕杀，造成许多种类的鲸濒临灭绝。为了保护濒临灭绝的鲸，科学家想过很多办法，这一次，他们盯上的是鲸的"鼻涕"。什么是鲸的"鼻涕"？鲸和人一样，也通过肺呼吸，只是它们的鼻孔长在头顶，也就是喷水孔。鲸在水面上通过喷水孔呼吸，呼气时，气体从喷水孔高速射出，遇冷凝结成水滴，最后变为喷水柱，看起来跟人类擤鼻涕有点像，因此我们将鲸喷出的液体称为鲸的"鼻涕"。

　　为什么科学家会在意鲸的"鼻涕"呢？因为鲸喷出的"鼻涕"里面含有很多物质，比如脱氧核糖核酸（简称 DNA）、微生物、激素等，这些物质，可以反映出鲸的很多身体数据，对于科学研究有极大的帮助。通过这些物质，生物学家可以判断鲸是否来源于本地或者只是路过，还可以判断鲸有没有怀孕等，甚至可以追踪鲸是否有遗传病。

　　鲸的"鼻涕"如此重要，然而想获取鲸的"鼻涕"却并不容易。首先，鲸很少与人类接触，其神出鬼没的特点让人类很难把握。运气好碰到一只时，取样过程也异常艰难。科学家一般坐着摩托艇悄悄靠近它们，然后趴在船头，忍受着鲸"鼻涕"难闻的气味，使劲伸出一根长杆，而迎接他们的往往会是一阵劈头盖脸的"鼻涕雨"，弄得他们满身黏糊糊的。不过，这已经是幸运至极的了，因为更多的时候是一无所获。

要想完成采集工作，只能乘坐船艇，花费巨大，更要命的是，如果采集不到足够量的数据标本，就会给科学研究带来非常严重的后果。在这种情况下，科学家需要引入一种新型的方式。怎样才能更容易地接近鲸呢？科学家想到了无人机，也就是通过无人机来收集鲸的"鼻涕"。这种方式优点很多，最明显的一点就是它不会影响鲸的生活。

举一个例子，有一种鲸，叫作露脊鲸。它数量稀少，是急需被关注的对象。这种鲸，很少出现在海面上。科学家即便没日没夜地去寻找，也很难发现它们。不过，如果是无人机，那就比较方便了。它可以安静地停在海面，然后去追踪鲸的声音，从而找到目标。当它发现目标后，由于无人机上已经装了收集"鼻涕"的培养皿，因此，它可以直接飞入鲸的喷水柱中，轻轻松松地采集一大坨鲸的"鼻涕"，然后在海浪席卷前及时撤回。同时，无人机还能充当"摄影师"。通过它拍出的近距离照片，可以估算鲸的大小，甚至可以观察到鲸身上的伤疤。在保护地球上为数不多的庞然大物时，小小的无人机做出的贡献可一点都不小。

第 16 课

为什么啄木鸟不得脑震荡?

啄木鸟喜欢啄东西，包括电线杆、建筑的墙面等，尤其喜欢啄树木。在我国一些古书中，很早就有关于啄木鸟啄木取虫的记载。一只啄木鸟，平均每天啄木 500~600 次以上。同时，它啄木的速度很快，比声音在空气中的传播速度还快，因此，反作用在它头部的力量很大。观察啄木鸟的动作，"吭吭"声让人感觉脑仁生疼，可是看起来啄木鸟并没有头晕目眩的感觉。这是为什么呢?

这要从啄木鸟独特的大脑和迥异的头骨结构来解释。首先，啄木鸟的大脑重量轻，一个正常成年人的大脑约为 1400 克，而啄木鸟的大脑只有 2 克。在发生撞击时，这么小重量的大脑就保证啄木鸟不会受到额外伤害。同时，啄木鸟大脑和头骨的相对位置也决定了它不会受到更大的打击。跟人类相比，啄木鸟的大脑被头骨从后面裹着，这让啄木鸟拥有了一个优势：当啄木鸟的脑袋前后摇动撞击时，大脑与头骨能够有更大面积的碰触，换言之，作用在大脑的冲击力就能扩散到更大的面积上。

另外，如果仔细观察啄木鸟的大脑和头骨，就会发现啄木鸟的大脑与头骨几乎是紧密地贴在一起的，中间只有极其狭小的缝隙和稀少的液体，因此，震波很难在啄木鸟的头部传播，这也就帮助啄木鸟远离了脑震荡。啄木鸟的头骨骨质呈海绵状，头骨密实且弹性极佳，将大脑牢牢地包裹起来，犹如一个具有良好减震功能的保护垫，可以有效抵消来自外界的冲击。

除了骨骼结构，啄木鸟头部两侧还连接着相当发达的肌肉系统，啄木鸟的头部骨肉有助于吸收和分散外力冲撞。而啄木鸟脖颈肌肉也非常结实强健，可以吸收相撞产生的能量。

此外，啄木鸟的舌头也值得一提。这是一条细长的、能自如延伸和收缩，同时前端倒生短钩并带有黏液的舌头。它不仅能伸入树洞，钩出害虫将其吞食，舌头底部的结缔组织还可以延伸环绕脑部，从而稳稳地托住头骨，同样也可以起到保护作用。

科学家通过高速照相机，在一秒钟内连续拍摄 2000 张照片，完全记录下啄木鸟啄击树木时的姿态。啄木鸟靠近树干准备啄击前，为了避免猛烈的敲击导致眼珠从眼眶内掉出来，啄木鸟会闭上眼睛，与此同时，一层隔膜也会护住眼睛，把木屑阻隔在外。啄木鸟的敲击角度很独特，每一次击打都几乎是完全笔直的，而且击打也是由轻到重。最初是轻轻敲击数次，以寻找正确的位置，一旦确定就持续加力啄击。如果正值繁殖期，啄木鸟敲得就更起劲了。为了避免产生扭曲力，啄木鸟啄击树木时，头部保持不动，这样可以避免脑部受伤。通过研究啄木鸟头部的特殊构造，人们获得了很多关于减震、防震的灵感，例如，设计安全帽时，在帽子和头部之间保留空隙，从而保护头颈的安全。

第 17 课

秃鹫食腐为何不得病？

自然界每天都在发生弱肉强食的故事，战败的一方，通常的下场是横尸荒野。如果尸体没有被及时吃掉，那么细菌就会登场。细菌分解尸体时，会分泌出多种化学物质，其中一些具有毒性，因此，尸体也就具有毒性。不过，秃鹫可就要偷着乐了。事实上，它迫不及待地希望腐败快点发生，这样它就可以享用厚皮之下的腐肉了。可是，秃鹫不怕这些有毒物质吗？

实际上，秃鹫选择腐肉是无奈之举。虽然它属于猛禽，但不同于鹰或者雕拥有捕捉活物的能力，秃鹫的爪子不够锋利，偶尔可以捕获野兔充饥，但多数情况下则是食不果腹，因此，只能选择动物的尸体来充饥。不过，为了能够第一时间找到动物尸体，秃鹫需要具备高超的飞行能力和精准的观察能力。正是通过这样特殊的取食方式，秃鹫才能适应恶劣的自然环境，保持旺盛的生命力。动物死亡有多种方式，有年老体衰而死，也有生病而亡，不过，秃鹫压根儿不怕，且来者不拒。那这些能分泌毒素的病菌不会让秃鹫害怕吗？

事实上，秃鹫还真的不怕。在跟有毒细菌的博弈中，秃鹫可是一点儿都不怵，可以说是高度适应的典范。秃鹫之所以可以自由自在地享受腐肉，最应该感谢的是它体内的高酸性胃液。这种胃液如同"灭霸"一般，清除大多数细菌和病毒不在话下。科学家观察到被秃鹫吃下的尸体DNA在秃鹫的肠胃内会被完全破坏，说明这里的化学环境有着强烈的腐蚀作用。以人的胃液为例，虽然随着食物的不同会有一定浮动，但pH酸碱值会维持在1~3之间，而秃鹫家族中的代表——土耳其秃鹫的胃酸pH值几近为0。pH值以对数形式表示，这意味着在极端条件下，两者之间的差距在1000倍。强酸性环境能杀死大部分细菌，但不是全部，如梭杆菌等可以在强酸性环境下存活。同时，由于没有竞争对手，这些细菌能够大量增殖。

因此，秃鹫体内形成了一种奇怪的和谐。一方面，秃鹫拥有异常强悍的胃肠道消化系统，因为高酸性环境能够杀灭大多数致病细菌；另一方面，秃鹫也会表现出自己"宽容"的一面，幸存下来的细菌类型能够在秃鹫肠道内快速繁殖，而这些细菌在其他动物体内是具有致命危险的。

面对秃鹫，人们常常会有些偏见，甚至持厌恶的态度，秃鹫也经常被形容为死神的仆人，是死亡和腐朽的象征。不过，我们现在应该把这种片面的印象丢弃了。作为大自然的拾荒者，秃鹫的工作看似不起眼，实际上可以减少疫病的散播，因为秃鹫的高酸性胃环境可以清除腐尸中的大多数细菌。它吃下得病的动物后，可以不让病菌扩散。另外，秃鹫取食时还会产生尿液，这些排泄物具有高酸性，同样具有灭菌的效果，起到给尸体四周再次消毒的作用。不夸张地讲，秃鹫是自然环卫工。

第 18 课

为什么鸟类吃东西喜欢"囫囵吞枣"?

对于养鸟和赏鸟的朋友来说,留意观察一下就会发现,现生的鸟类没有牙齿,即便看起来有牙齿,也只是齿状喙,例如灰雁。在没有牙齿的情况下,不同形态的鸟喙自有自己的进化缘法。鸟喙分上、下两部分,上喙连接上颚,下喙连接下颌。不过,根据出土的化石来看,早期的鸟类祖先是有牙齿的。那么,鸟类为什么在漫漫长河中把牙齿丢光了呢?

关于鸟喙形态的探究,可以回溯到 19 世纪中叶,达尔文注意到生活在加拉帕戈斯群岛不同岛屿上的地雀具有不同形态的喙。不过,他没有解答关于鸟类怎样丢失牙齿的问题。

关于鸟类失去牙齿有众多说法,其中一种说法是鸟类掉光牙齿是为了减少身体重量,这样有助于更好地飞行。在飞行过程中,运动强度很大,快节奏的新陈代谢需要消耗大量能量,通过细嚼慢咽来进食并不合适,于是,鸟类就采取了另一种取食方式。不过,科学家认为,为了拥有一个功能而失去或者得到一个器官,这种情况在演化过程中不容易实现。只是地球上发现的早期鸟类化石非常稀缺,标本数量不多且零碎,因此,想要判断早期鸟类的模样非常困难。还有一种说法是，与牙齿发育有关的基因存在突变。不过，科学家发现，多数早期鸟类都是长牙的，只是整齐度有差异，前面和后面均出现丢失牙齿的情况。不过，科学家从中发现了一个事实，只要有长牙的情况出现，那么就表示与牙齿发育有关的基因在早期鸟类当中发生突变的可能性很小，鸟类牙齿丢失或许是其他原因所致。

这件事情随着在新疆发现一种幼体长牙、成体无牙的恐龙——难逃泥潭龙而出现转机。这是研究者第一次在恐龙中发现牙齿越长越少的现象：刚出壳至少有 42 颗牙，半岁时剩下 34 颗，接近一岁时牙就全丢光了。于是，科学家联想到了鸟类牙齿丢失之谜。

在正常发育过程中，牙齿逐渐掉光的现象不仅在难逃泥潭龙身上出现，在窃蛋龙类中也有相似的情形。另一个值得关注的现象是，随着恐龙逐渐演化为鸟类，牙齿异时发育[①] 丢失的时间也在不断前移。已知的线索基本认可鸟类的始祖是兽脚类恐龙。鸟类失去牙齿意味着它们比祖先兽脚类恐龙少走了一步，这表示发生退化的牙齿的异时发育才是引起鸟类牙齿遗失的直接原因。鸟类的祖先恐龙有牙齿，可是有一些恐龙的牙齿刚开始还有，接下来几代，牙齿逐渐就不出现了，角质喙变成替代品，而它们也没有突变或失去相关基因，只是功能逐渐停止。现生鸟类中的基因突变是演化末期的产物，异时发育是最终引起鸟类在演化初期失去牙齿的根源。

鸟类的嘴巴通常具备极其锐利的形状特点，即便不存在牙齿，尖利的嘴巴也具备足够的优势，例如处理食物、整理羽毛，还能给予身体辅助，而在进攻和防御时，也可以成为有用的作战武器和防御利器。

---

① 异时发育是指后代的生物形态特征的发育时间和速度与祖先不同而发生的演化改变。

第 19 课

鸳鸯是爱情忠贞的象征吗?

鸳鸯是一个几乎所有中国人都耳熟能详的名字。千百年来,鸳鸯作为天长地久的亲密关系象征,是人们对于美好爱情的憧憬。特别是诗人,形容一对鸳鸯"白首不相离"。甚至一对鸳鸯中一方遇难,另一方会终生"守节",这等操守好到让人"只羡鸳鸯不羡仙"。不过,这是人们的想象,还是确有其事呢? 在自然界中,鸳鸯是否真的对爱情忠贞不渝呢?

人们得鸳鸯作为模范夫妻的代表并非空口无凭。鸳鸯是雁形目鸭科鸳鸯属水鸟。鸳指雄鸟,鸯指雌鸟,雄鸟光彩照人,雌鸟朴实无华。在鸟类中,很多雄鸟都比雌鸟长得漂亮,它们以此来吸引雌鸟的注意。鸳鸯的世界,最显著的特点是雄多雌少。在繁殖时期的较量中,雌鸳鸯是最终的裁判,只有最优秀的雄性才能成为它的伴侣。每到鸳鸯的繁殖季,刚刚经历了一个冬季的成群鸳鸯相继变成一对对进行互动,相互嬉戏打闹。当鸳鸯进入交尾期,雄鸟通过炫耀自身的美丽向雌鸟表达爱意,有意的雌鸟会跟在雄鸟身旁不断打转。如果雄鸟读出雌鸟的默许,那么雄鸟就会变成护花使者。一旦确定成为夫妻,鸳鸯会与集体脱离,找寻合适的地方谋划繁衍大计。因此,婚配阶段,雌鸳鸯和雄鸳鸯恩爱得很，是"你侬我侬"的伴侣。而且在一个繁殖期内，鸳鸯严格遵守一雌一雄的匹配。它们一起抵抗天敌和天灾，当其他雄鸟试图接近雌鸟时，它们也会合力驱逐"第三者"。

可是在婚配之后，情况似乎发生了些许变化。特别是当鸳鸯完成浪漫的交配后，接下来的筑巢、产蛋、孵卵等一系列养育重任全由雌鸟承担，直到繁殖期结束。鸳鸯是雁鸭类水鸟中为数不多的树栖鸟类，树洞是它们完成产卵、孵化的重要场所。当然，雄鸳鸯也努力贡献自己的力量。当雌鸳鸯外出觅食时，雄鸳鸯会寸步不离地守护在雌鸳鸯身旁。雌鸳鸯一路狂吃，雄鸳鸯则管住嘴巴，谨慎地关注周围环境，让雌鸳鸯能够放心进食，恢复体力。既然不能代替妻子分担孵化之苦，那雄鸳鸯只能尽护妻之责了。

鸳鸯生下来就会游泳，因此，小鸳鸯每天都可以追随母亲在河边找寻食物。小鸳鸯出生后，接下来的一周时间是第一道关卡，如果能平安度过这一关，基本上都能长大，直到初次飞翔。

根据研究人员多年的观察，鸳鸯可能并不会有稳固的配偶关系，它们难舍难分的亲密关系主要表现在交配时。鸳鸯在秋季完成关系速配，而在接下来的春季里再次选择配偶的情况很普遍。事实上，关于鸳鸯"一方遇难，一方守节"的描述，研究人员曾经做过一个实验：将成双入对出现的鸳鸯用枪打落一只，结果另一只并没有相思至死，而是很快另找配偶。现在看来，所谓"鸳鸯棒打不散"，描述鸳鸯忠于爱侣，也只是人类美好的愿望罢了。

第 20 课

为什么蝙蝠是"潘多拉魔盒"？

　　随着新型冠状病毒的爆发，蝙蝠一跃成为热议话题的主角。在很多人眼中，蝙蝠自带神秘感，如同天使与魔鬼的化身。那么，蝙蝠在自然界中究竟是个什么样的角色？它真的是一种很"毒"的生物吗？人类应该用什么态度来面对它？

　　从数量上看，除了啮齿类，蝙蝠是哺乳动物中的第二大类。作为唯一能飞翔的哺乳动物，它约占哺乳动物种类的20%。除了南极、北极之外，蝙蝠的分布相当广泛。蝙蝠确实是很多病毒的自然宿主，特别是这些病毒还是人兽共患型的。就像果子狸不过是SARS冠状病毒的中间宿主，最终的源头是蝙蝠。

　　作为重要的病毒宿主，蝙蝠携带的病毒超过130种，而且超过一半是烈性病原体，可以引起人类重大传染病。在过去二十年间，那些耳熟能详的名字，如埃博拉病毒、狂犬病毒、SARS冠状病毒等，都与蝙蝠有关。为什么蝙蝠容易把病毒传播给人和其他物种呢？原因主要有：蝙蝠种类多、分布广和具有长距离飞翔的能力。当然，除此之外，蝙蝠利用冬眠和数量大的优势，可以在种群内部进行"淘汰赛"。那些对病毒敏感的个体就会被淘汰掉，从而使整个种群更加容易携带病毒。从蝙蝠和病毒的进化关系来看，作为最古老的哺乳动物之一，在五百万年的进化史中，蝙蝠变化不大，而某些病毒，如狂犬病毒等，也被推测出现在那个时候，可能暗示蝙蝠和这些病毒共同抗争、共同进化，彼此产生了良好的适应。

不过，硬币拥有两面，我们不能只看到"坏"的一面，而忽略好的那一面。蝙蝠毕竟是生物圈中的一员，经过漫长的进化，已经与自然界融为一体，并且承担着重要的维持生态平衡的作用：第一，蝙蝠可以帮助控制昆虫数量；第二，蝙蝠也能散播植物种子和传播花粉。对于大多数人来说，对蝙蝠最深刻的印象是它的回声定位系统和信号处理方式，而这已被现代科技所采纳，像声纳系统的原型就是蝙蝠。

针对越来越多的致病性病毒在蝙蝠体内被发现，一方面，我们不能忽视蝙蝠在携带和传播病毒上具有十分重要的公共卫生意义；另一方面，我们也不必过度渲染这种危害。目前，对于蝙蝠和病毒的关系，人类了解得还远远不够，例如，病毒在蝙蝠体内的增殖和免疫情况依旧是个谜团。如果把对蝙蝠病毒的防控做到一定水平，那么对于其他动物疾病的研究，也会有非常重要的借鉴意义。

那么，我们应该如何正确面对蝙蝠呢？一句话——通过研究蝙蝠这类媒介动物，利用生命科学等手段，防患于未然。毕竟，在研究病毒组成、发掘新病毒等方面，蝙蝠具备潜在的应用价值。虽然蝙蝠携带众多病毒，但这些蝙蝠病毒进入人类社会的机会有限。只要人类能够做好保护蝙蝠等野生动物的居住环境的工作，就会避免野生动物的病原感染。希望蝙蝠和人类都可以安心一点，毕竟和谐共处才是自然之道。

第 2 章

植物
广袤大地的守护者

第 1 课

仙人掌居然是入侵植物?

提到沙漠植物,很多人的第一反应是叶子特化、浑身长刺,可以用"外刚内柔"来形容的仙人掌。澳大利亚人对于仙人掌的印象特别深刻,因为在 19 世纪,就是这些美丽的仙人掌,在澳大利亚引发了一场物种入侵的灾难。

事情要从胭脂虫说起。胭脂虫体内产生胭脂红酸,作为一种重要的加工原料,胭脂红酸可用于生产一种用途甚广的染料——胭脂虫红色素。这种天然的染料大多用于染布,染好的布料被提供给英国军队。当时,英国军队对于部队服装的需求很迫切,因此,需要数量巨大的胭脂虫。当时西班牙是胭脂虫养殖业的霸主。为了压低成本,英国打算将养殖业放在一个新的地方发展,于是澳洲进入他们的视野。为了快速开展胭脂虫养殖,英方首先带来胭脂虫的"家"——仙人掌。于是,在 1788 年,英方从美洲将第一批仙人掌运往澳大利亚。澳大利亚的典型气候是燥热,虽然四面被海洋包围,但沙化土地约占澳洲面积的一半。然而,胭脂虫很快出现了"水土不服"的症状,渐渐都死了。"新访客"仙人掌却如蛟龙得水一般自由自在,开始野蛮生长。

仙人掌之所以能在澳洲这片大陆疯狂扩散,以下三个原因是关键。

一是仙人掌拥有厚实的表皮，同时，其特殊的体形及针状叶可以有效减少水分蒸发。

二是仙人掌拥有覆盖范围甚广的根系，有的甚至可以扩展到二十米之外。虽然覆盖面积很广，但是仙人掌并没有扎根很深。之所以这样，是因为干旱少雨的环境，因为小规模降雨雨水难以到达土壤深处，因此，在雨水蒸发前用根系尽可能多地吸收雨水是不错的策略。

三是景天酸代谢。这是一些植物进行碳固定的巧妙方式，其中典型植物就是仙人掌。仙人掌只在晚上打开气孔，吸收二氧化碳；白天则关闭气孔，减少水分蒸发。之所以采取这种方式，是因为仙人掌生存的热带干旱地区，白天酷热，晚上寒冷，有着极大的昼夜温差。

没有了天敌的压制，外来物种仙人掌迅速扩增。它们迅速侵占土地，严重压缩其他物种的生存空间。当地人意识到了潜在的危险，不得不开动脑筋进行应对。不过，任由人类火烧、刀砍，只要留下一点根茎，仙人掌就能原地复活。后来，人们利用化学防治，使用80%的硫酸和20%的砷混合物对付它们，结果却对人类自己的健康造成了很大的伤害。当然，澳洲人民还是找到了防治的手段——生物防治。当时，科学家从世界各地挑选可能有用的昆虫进行实验，经过上百次的寻找和尝试，最终发现来自南美洲的仙人掌蛾——正所谓一物降一物——其幼虫会食用多种仙人掌。利用仙人掌蛾防治成效显著，澳洲人民终于不用为这件事情伤脑筋了。为了纪念它的功绩，在澳大利亚的昆士兰，人们为仙人掌蛾设立了一座纪念堂。

第2课

植物碰到害虫该怎么"呼救"?

很多情况下,面对危险时如何反应,决定了一种生物的生命长度。当遇到坏人时,人有很多种方式可以选择,比如通过呼救脱险。不过,若是植物被害虫侵袭,它们又该如何自救呢?是采取激烈的反击手段,还是动用智慧,采取"以柔克刚"的方式,抑或"借刀杀人",反戈一击?

植物是个大家族,面对敌害时,看似静止不动,似乎只能任凭敌人宰割,没有丝毫抵抗能力。然而,经历自然选择后,实际上植物也有自己独特的自救本领。植物自救的方式有很多,这一次登场的主角是包心菜,又叫卷心菜,学名结球甘蓝。作为绿色蔬菜的一员,它的形象是一个与世无争的滚圆球体。不过,不欺负别人,不代表不被惦记。菜粉蝶就喜欢这种圆滚滚的十字花科植物,因为包心菜脆嫩的菜叶是它们喜食的对象。那菜粉蝶是如何找到包心菜的呢?主要是通过一种叫作芥子油的化学物质。包心菜等十字花科植物都含有这种物质,而它可以散发某种独特的气味。通过这种气味,菜粉蝶就可以找到包心菜。

找到包心菜后,菜粉蝶会把卵产在叶子上。卵变成菜青虫后,包心菜的"末日"就来了。因为刚出生的菜青虫胃口非常好，包心菜很快就会被吃出很多孔洞来。如果听之任之，包心菜肯定就不复存在了，因此，当菜青虫啃食叶片时，包心菜显然不可能任其宰割。不过，植物既不能逃走，也不能喊叫，为了对付包心菜上的菜青虫，最好的办法是——"请外援"。

对包心菜而言，能抑制菜青虫的，是两种寄生蜂——甘蓝夜蛾赤眼蜂和粉蝶盘绒茧蜂。可是，怎么吸引外援的注意，需要动一番脑筋。包心菜无法传递声音信号，可是还有一种武器可以利用，那就是化学信号。当包心菜被菜青虫攻击时，会释放数量众多的化学呼叫信号。化学呼叫信号被释放后，两种寄生蜂就会赶来。这些寄生蜂不仅仅是到此一游，更重要的是它们可以对付包心菜上的菜青虫。奇妙的是，两种寄生蜂解决居住在包心菜上的菜青虫不是大动干戈，而是当那些菜青虫后代孵化出来，准备把包心菜好好吃一顿时，它们就把后代的卵直接产在虫体内。这样一来，菜青虫肥硕的身躯就变成寄生蜂后代的粮库，不仅自己可以美餐一顿，还顺便帮包心菜解了围。正所谓"以其人之道，还治其人之身"，菜粉蝶绝对想不到，包心菜居然会用这种方式改变自己的命运。

不过，自然界真正神奇的地方在于，看似"你死我活"的斗争，其实也是为了维持生态平衡。通过菜粉蝶的传粉，包心菜能够世世代代地延续下去，而菜青虫的啃食还能限制包心菜的过度繁殖，寄生蜂的存在又能保证菜青虫不会吃光全部的包心菜，这样一来，三者各自成为生态链的一部分，形成了千百年来良好的生态关系。

第 3 课

植物能像萤火虫一样发光吗?

盛夏傍晚的池塘边，蛙虫齐鸣，草丛间升起了星星点点的荧光，如梦似幻，那是萤火虫跳起了绚丽的舞蹈。萤火虫发光是大自然众多的神奇现象之一。世间生物千千万，为什么萤火虫会有神奇的发光能力呢?

这是因为萤火虫的腹部后端有专门的发光细胞，包含两类化学物质：荧光素和荧光酶。荧光素在荧光酶的催化作用下发生氧化反应，释放光子，从而出现发光现象。氧化反应所释放的能量中，95% 的能量以光的形式释放，是一种冷光，因而不会灼伤萤火虫。相比之下，人类制造光源的工艺远远不如萤火虫这样先进和精湛。

萤火虫发光之所以呈现"一闪一闪亮晶晶"的效果，是因为萤火虫控制着氧化反应的进程。当氧气存在时，细胞发光;氧气缺失时，细胞不发光。在这种交替变换中，就产生了一闪一闪的效果。此外，萤火虫发光主要是为了寻找伴侣、预警风险。了解了萤火虫发光的原理后，生物学家展开了奇妙的设想:可不可以让植物也拥有发光的本领呢?

人们对荧光植物的研究已有半个世纪之久，生物学家曾经尝试直接将荧光素或夜光粉喷涂在植物表面，让两者之间产生吸附性。结果显示，虽然发光效果尚可，但植物与外界进行物质和能量交换会受到影响，因为处理后的植物表面气孔被封堵，从而影响整个植株的代谢能力，并会造成局部的损伤。生物学家也尝试将萤火虫、水母等发光动物的荧光基因导入某种细菌身上，再让这种细菌感染烟草植株。等这些植株长大之后，确实可以发出紫蓝色的荧光。不过，只有用仪器才能观测得到，肉眼依然无法看见。也有生物学家在水培的草花、鲜切花上做同样的试验，结果确实可以发光，但发光时间短、亮度低，鲜切花死得很快。

于是，科学家转而打算从植物体内发掘具有发光潜力的物质，通过荧光诱导技术使其发出荧光。荧光诱导技术是综合运用物理、化学、生物等技术，活化荧光促进剂，促使荧光促进剂被植物的根、叶、花、果实等吸收附着，从而让这些组织器官具备储光和放光的功能，并且实现发光时间长、发光强度高的持续视觉效果。

研究人员发现，天南星科植物、沉水植物、喜阳植物、沙漠植物、球茎类植物及表皮层光莹的植物更容易经荧光诱导处理而发光，而且植物的生长发育不会受到不良影响。如果植物表面含有角质层与蜡质层，荧光亮度相对更佳；如果器官表面有较多绒毛、气孔、皮孔等结构，则无法实现较好的荧光效果，甚至无法诱导。

荧光植物在白天或者灯光下，与其他植物没有什么区别，但到了夜晚或者黑暗环境，就会发出淡蓝、紫红、银白等各种炫目的荧光。荧光植物可以帮助我们创造温馨柔和的居家环境，或许还可以出现在道路两旁，代替路灯，为行人照明，节约大量电能，为整个城市增添一道别致的光彩。

第4课

香蕉会有消失的一天吗?

　　香蕉是芭蕉科芭蕉属植物,作为最常见的水果之一,含多种微量元素和维生素,有助于肌肉松弛,使人身心愉悦。可是这样一种深受很多朋友喜欢的水果,如果说某一天会消失,你相信吗?

　　香蕉消失,这不是大卫·科波菲尔的魔术,而是来自科学家的一个研究预测结果。英国学者的研究表明,到2050年,香蕉可能会完全消失。

　　通过研究27个国家的数据,比较香蕉产量,研究者注意到,有将近一半的国家每年的香蕉产量在下降,其中印度和巴西的状况较为特殊,可能有香蕉供应不足的局面。全球变暖是研究者推测的原因之一,气温持续上升可能会带来不良后果。另外,土壤中真菌引发的"巴拿马病"也有重要影响,因为这类菌会极大地破坏香蕉的种植,而且对于化学处理有一定耐受性。

　　"巴拿马病"也被称为"香蕉黄叶病",最初是1874年在澳大利亚被发现的,后来在中美洲发生并流行,号称香蕉的"不治之症"。20世纪50年代,大麦克香蕉是拉丁美洲最普遍的香蕉品种,但它被一种在土壤中发现的真菌毁灭了,进而被抗病新品种——"卡文迪什"所取代。如今，全世界超过五分之二的香蕉产量是后者。不过，四十年后，亚洲东南部产生了"卡文迪什"的破坏者——一种叫作"热带枯萎病4号"的真菌，这种真菌不能被杀菌剂有效抑制。对农业工具进行消毒，对其有一定抑制作用，但这远远不够。

这种香蕉传染病属于维管束病害，是由植物病原真菌侵染导致的病害，可以经由土壤传播。病菌会在香蕉树体内生成对应的毒素，以此伤害香蕉树，香蕉树被感染后会逐步枯萎死亡。被病菌感染后，香蕉树根部会有明显病变状况。如果没有被及时处理，这种病变就会随着香蕉的成长和农业活动而传播，导致香蕉树的物质运输在维管束组织中发生停滞。而香蕉树病变在外部最显著的表现是叶片发黄，而且黄化进展迅速，最终很快导致整棵香蕉树枯亡。一旦染上"巴拿马病"，香蕉树通常等不到结果就会死亡，由此可知，染病的香蕉树结不出果实。

"巴拿马病"没有固定的发病时间，一年之内都存在发病的机会，但最严重的时间段是从每年的10月至次年的2月。如果土壤是砂质的且呈酸性，"巴拿马病菌"就更易于繁殖。再加上排水性能不够理想，土壤以湿润为主，这将大大提升这种病害的发生概率，因此，"巴拿马病"是威胁全球香蕉种植业的最大杀手。

由于"巴拿马病"对香蕉的质量和产量具有显著的影响，因此，防治手段也需要从多角度考虑。首先，致病菌有在土壤中长时间存活的特点，这意味着一旦发现感染，那发病地区的土壤就不能再种植香蕉，特别是酸性土壤，"巴拿马病菌"非常喜欢在这种性质的土壤上繁殖。其次，倘若无法提升土壤的排水状况，则会增加病菌的发病率。通过在香蕉种植过程中加强管理，可以有效地防止这种病害的发生。

第5课

为什么千年古树不得癌症?

在人类社会，癌症是个令人闻之色变的话题，而且人们通常认为癌症是老年病，随着年龄增大，患癌风险也会增加。可是在植物世界，寿命比人长的植物比比皆是，我们却从来没听过植物死于癌症，这是为什么呢?

首先，植物没有死于癌症，并不代表植物不得肿瘤。对于肿瘤和癌症的差异，可以这么简单地解释：肿瘤分为良性和恶性，演变成恶性的部分才成癌。通常情况下，植物长肿瘤并不稀奇。如果仔细观察植物的结构，会留意到在植物的各个部位都有可能长瘤，比如根瘤就出现在植物的根部。因此，问题的关键在于，即便植物长瘤无数，甚至长得很大，只要肿瘤细胞的活动范围有限，不祸及其他组织和器官，那么这些肿瘤就是良性的。一旦它准备转移，哪怕肿瘤个头不大，但转移到了其他组织和系统，那么它就是恶性肿瘤，也会成为"癌症"。

显然，植物的肿瘤细胞不会到处串门，因此，也就没有患癌的风险。可是为什么会这样呢? 原因在于植物细胞的特殊结构。跟排布松散的动物细胞不同，植物细胞有一个"强力胶水"——细胞壁，可以让细胞之间彼此紧密地靠在一起，从而维持位置的相对稳固。由此可见，植物细胞不像动物细胞那样可以自由移动，它们被细胞壁和细胞间复杂的化学物质紧密地固定下来。

其次，癌症对植物的伤害没有对人体那样严重，原因在于人体众多器官具有不可替代性。试想一下，一旦癌症开始发生，大量癌细胞占据人体某些重要的位置，就会导致某一个重要器官功能受损，后果就会相当严重。例如癌细胞进入脑部，就会干扰大脑的正常功能，产生意想不到的问题，轻则痛苦，重则功能丧失。不仅是脑部，癌细胞转移到任何一个器官或组织——心、肝、脾、肺、肾，甚至肌肉，都有可能导致人体功能受损，甚至死亡。可是，相同的场景放到植物身上，则不会对它们产生太过严重的影响，哪怕失去很多器官和组织，它们依旧可以正常生存。原因在于植物器官的冗余性大于人类，根、枝、叶都有很多"备份"，失去一部分不会产生严重问题。人体也有这样的备份，例如人有两个肾，失去一个还可以生存。但其他器官，特别是只有一个的，就经不起折腾了。

另外，植物细胞拥有不可思议的再生和修复能力。器官再生一直是人类的热切期望，因为很多器官无法再生。但植物不同，很多植物细胞和组织都具备再生能力，特别是分生组织，再生能力足够强悍。常见的例子是，从柳树上折下一截枝条，将其下端插入水中，一段时间后就会从切割面长出新芽。因此，即使某个植物器官因为癌细胞受损，不用担心，它很快就会找到新的替代者。

第 6 课

植物如何喝水？

　　植物需要水分，花草树木长时间不接触水分就会干枯，那么，植物是通过什么方式获取水资源的呢？

　　人类有很多行为动作都是可以轻而易举做到的，不过，放到植物身上就没那么容易了，比如喝水。植物要想确保各个部位从底端到顶端都可以喝到水，需要花一番心思。

　　植物体内每时每刻都在进行养分的运输。由于有机物是在叶片内经过光合作用产生的，因此，其运输由筛管从上到下进行，而水分通过导管从植株的根部由下往上进行输送，为不同的部位提供水资源。导管连续不断地从土壤里抽送水分，再输送到植株的各个地方。拥有完备的导管系统后，接下来还需要动力系统提供往上运输的能量。在植物吸收和运输水的过程中，植物叶片的蒸腾作用提供了重要的动力。

　　蒸腾作用是怎么发生的呢？如果我们在显微镜下观察植物叶片表皮，就会发现在叶片表面有很多小洞，这些小洞被称为气孔。气孔附近包绕着一部分弯曲的细胞，叫作保卫细胞。气孔周围的细胞会利用气孔把自身的水分排放到叶片外围。这些细胞丢失水分后，会从旁边的细胞中吸取水分，旁边的细胞也会用相同的方式从较远的细胞那里吸取水分，依此类推。这种吸水方式一直持续到叶脉周围的细胞水分也被吸收后。接下来，就轮到导管帮助细胞获取水分了。导管分布很广，从叶脉通过茎部一直连到根系，如同吸管一般，从根部的细胞中获取水分。当根部的细胞通过这种方式被吸走水分后，接下来就要从土壤中吸收水分了。

因此，蒸腾作用就是植物通过气孔排出水分的过程，而这个过程就构成植物吸收水分的源动力，其中吸收水分的力量被称为蒸腾拉力，水分就是依靠蒸腾拉力被持续不断地输送到植物的各个细胞的。

植物吸收和运输水的另一个动力来源是毛细作用。由于组成水分输送结构的木质部有着非常细的导管，因此，当水和导管相遇时会发生毛细现象。"管道"直径越小，水流上升越高，因此，导管可以把从根部汲取的水分，运输到包括叶片在内的部位。在生活中，也有类似的体现，比如毛巾吸汗等。

不同的植物类型，运输水分的过程会有所差异，通常小型植物运输水分更多采用毛细上升的方式，而对高大植物，例如几十米高的大树，渗透压的作用更为关键。根通过渗透吸收水分，依靠的就是植物细胞内的物质渗透压。其中水分从离子浓度低的地方到离子浓度高的地方的运动方式叫作渗透。水分要想在高大树木中完成上升，主要是由根压和蒸腾拉力提供动力。当植物细胞内外存在渗透压，就会产生根压，从而让水分渗透进入植物导管，抵达树木顶端。通过不同运输动力方式的展现，我们可以看到植物"喝一次水"可不像人张开嘴巴就可以，因此，多多珍惜眼下的水资源吧。

第 7 课

太空中植物是怎么生长的?

　　人类一直有探索太空的梦想,除了自身进入宇宙环境,也尝试往太空引入不同的物种。其中,植物就是重要的成员。从 20 世纪 70 年代开始,人类就做好了在太空栽种植物的准备。目前进行的太空植物栽培活动,主要在近地轨道展开。那么,适应了地球生态系统的植株,在微重力的太空环境中,会有怎样不同的生命过程呢?

　　科学家发现了一系列奇妙的现象。

　　首先,地球上的生物都受地球引力的影响。对于植物而言,植物垂直于地面生长,茎段向上,根段向下。哪怕将植物横向放置,也会出现茎向上弯曲、根向下弯曲的生长现象,这种现象叫作植物的向重力性,也叫向地性。

　　不过,对于在宇宙飞行器上的植物,它们接受的重力环境不到地面的万分之一。微重力对于植物的生长就没有方向性的指引,一旦植物感受不到光照等外界环境的影响,那么它的生长就会出现一种不定向生长特点。为了让植物可以辨识方向,科学家采用独特的实验装置:植物被固定栽种在琼脂这样的基质中,从而保证植物可以按序生长。

　　重力的作用不仅体现在生长方向上,还体现在非常重要的繁衍过程中。在地球上，重力可以轻而易举地让花粉扩散在雌蕊柱头上，从而开启授粉和受精事件。不过，在微重力和失重情形下，扩散的花粉大多会飘浮在空中，很难留在柱头上。即便有花粉在柱头散落，也会因为花粉粒数量稀少而导致花粉萌发率降低，拖慢了花粉管的伸长，从而影响植物培养下一代。要想解决这一问题，研究者可以在植物培养箱中添加气流系统。通过上述装置，种子就可以完成正常的发芽、生长和开花等过程。

总体而言，水分传导和气体交换等特性在空间微重力下与地面有诸多差异，因此，在太空植物栽培过程中，曾出现根系过涝和缺氧现象。那么，在太空微重力的环境下，植物能否完成相应的发育过程呢？到目前为止，科学家采用拟南芥（一种生物学中的经典模式植物），在空间站完成了多次种子生长、繁殖、发育实验。由此可知，如果培育条件适当，那么植物就可以正常地完成发育的全过程。除了模式植物拟南芥，目前已经有四十多种植物进入太空，包括洋葱、生菜等食用级植物和兰花、玫瑰等观赏级植物，它们在各种太空植物栽培设施中，陪伴人类走出地球。不过，这并不是终点。在未来，科学家将继续突破，期待为宇航员建立一个"太空农场"，从而实现自给自足的食物来源。毕竟，未来人类探索星际活动会朝距离更远、时间更长的方向前进，对于物质和能源的需求不能只依赖地球供给，因此，植物在未来物质循环系统中会成为重要的一环，科学家也会朝这个方向迈出更坚实的一步。

第8课

植物用什么"语言"进行交流？

我们国人之间使用中文交流，跟外国人可以采用外语沟通，语言带给生活极大的便利，语言的存在也大大缩短了人与人之间的距离。可是你有没有想过，植物是怎么保持通话的？

通常，能作为信息载体的，有听觉声音、视觉画面等元素。不过，对植物而言，它需要选择更适合自己的方式。首先，植物的"语言"跟人类理解的不同，它们拥有一个海量"信息库"，那就是各种结构和活性的化学分子。其次，植物的交流就是一个"送信"的过程，通常采用的通信方式有两种：化学语言和声波语言。

以化学语言为例，要想发挥作用，就需要有接收化学语言的"翻译官"。这些"翻译官"就是位于植物细胞膜的蛋白质受体，它们负责识别各种化学物质。通过这些蛋白质受体，相应的化学信息才能被运送到细胞核。当然，小分子化合物不受此限制，因为它们可以通过气孔方便地进入细胞内部。当细胞核接收到相应的化学信号后，将会调控基因组，或启动或关闭相应基因，随后特定的变化将发生，至此，化学信号传递的消息就被完全解读了。

有一个例子可以说明此类交流方式：利马豆可以通过发射危险预

警信号来进行自我保护，同时提醒周围的同类"危险分子"蛛螨正在逐渐靠近。利马豆正是通过散发化学物质发出警告信息，从而针对蛛螨的入侵尽早完成防御准备。这种化学信号有两种作用：一是使自身不容易受到蛛螨的伤害；二是可以通过释放化学物质招引蛛螨的天敌来捕食这些害虫。当然，更妙的是，这些化学物质像推倒"多米诺"骨牌一样，可以继续激活邻近植物的基因，刺激它们产生同样的化学物质，起到共同驱赶的目的。

当然，还有一种单刀直入的方式：直接指挥目标基因。这种方式常见于寄生植物和宿主植物之间。以菟丝子和拟南芥为例，当菟丝子需要向拟南芥传达某种信息时，它会以附根穿入拟南芥的体内，然后劝服目的基因主动配合，将免疫防御系统关闭，放母体进入。

除了化学语言，植物还有第二"外语"——声波语言。植物像人一样，可以"听见"声音，主要依赖于细胞膜上的机械力受体蛋白，它们可以感受环境的细微变化。以探测水源为例，对于近处的水源，植物的根系可以探测土壤在湿度上的变化，而远端的水源就可以依靠声波来发现。

无论是化学语言还是声波语言，都表明植物群体中存在信息交换。即便植物的"语言"形式与人类有差异，但是它们能够互相警示一些迫近的威胁，就像是烽火台上的狼烟，一层层传递，引起大家的重视，因此，植物传递信息的主题集中在如何协同作战及防御敌人方面。与人类语言涵盖的丰富内容不同，植物的交流内容略显"单调"。当然，随着研究进一步深入，或许一个崭新的植物世界将就此展开。

第9课

植物如何抵抗病菌?

有害细菌入侵在生物界是一个众多物种需要面对的重要问题。虽然植物也期待"岁月静好",但必须通过一些方式"抵御外敌",才能迎来安稳的生活。那么,植物是如何通过自身来抵御外来病菌的呢?

植物的抗病机制是一套"组合拳",存在于患病的每个阶段中。其中抗病的表现形式不同,机制也呈现一定的差异性。不同种类的植物会有不同程度的应对措施。

首先是第一层防护,通常被称作物理屏障,也就是植物的体表形态结构。不同种类的植物存在体表形态结构的差异。不过,其中的蜡质层、角质层可以视作物理防御层。同时,表皮的气孔等天然孔口的形状、构造、数量等也可以帮助植物在一定程度上抵抗病菌的直接入侵。由于木栓质填充在组织中,分布的部位集中在植物的根、茎等地方,因此,木栓化的组织可以作为一层阻隔,避免病菌侵入。同时,组织中含有木质素,可以继续作为屏障阻碍病菌的长大、散播和致病。另外,像构成细胞壁的成分纤维素等也可以在抵抗病菌中贡献自己的力量。

其次,植物体内的抗菌物质也能在防御层面提供一定的保护。虽然不同植物的抗菌物质不同，但是这类物质在植物体内到处都有，特别是某些抗菌物质还可以被开发成农药，也从侧面展现出抗菌物质的作用。抗菌物质可以在植物体内起作用，也可以被分泌于体表发挥作用，抑制或直接清除病菌。常见的抗菌物质包括酚类物质、有机酸和水解酶类，如几丁质酶等成分。

当多种病原侵染植物后，包括病菌在内，植物会产生一系列程度不同的生理生化反应。这些生理生化反应不仅引起植物代谢水平的变化，也会让细胞或者组织结构发生一定的改变，从而帮助植物主动抵抗病菌。植物可以通过调节细胞壁的结构变化，如将细胞壁增厚，把入侵的病菌限制在少数细胞或局部组织中。

此外，植物被病菌侵染后，会刺激分泌或累积一些次生代谢产物。这些物质具有低分子量和抗菌性的特征。产生的植物保护素，以类异黄酮和类萜化合物为主，其中豆科植物以产生类异黄酮为主，茄科植物以产生类萜化合物为主。另外，有些植物被病原物侵染后，可以形成与病程相关的蛋白，即 PR 蛋白，如葡聚糖酶，对病原菌的细胞壁有水解作用。

除了上述手段，植物组织还可以"化敌为友"。当病菌产生植物毒素后，植物组织可以代谢掉毒素，也就是把毒素变为无毒的状态。此外，植物还可以采取一种"激烈"的抗性反应，通过让被入侵的组织细胞很快死亡，将病菌局限在坏死的组织中而不能扩散，常表现为小型坏死斑的出现。

通过上述来自形态结构、物理、化学和生理生化方面的抗病性因素，植物才能在复杂多变的外部环境中取得独立的生存地位。

第 10 课

没有大脑的植物会不会"生活不易"？

根据大脑的定义，植物不存在大脑。动物则不同，脊椎动物具备高度发达的大脑（承担组织调配的重任）。无脊椎动物的大脑构造比较简单，即便离开大脑，其他神经节也能发挥一定的作用，这就能解释为什么蟑螂去头后还能运动了。那么，没有大脑的植物会不会"生活不易"呢？

关爱植物是好的，但植物或许会"不领情"，因为跟只有几百万年历史的人类相比，植物在这个世界上已经生存了几十亿年。虽然没有大脑，但是它们能做的事情不比人类少。换句话说，植物不是靠时运吃饭的。即便植物缺少大脑的结构，但是它们拥有完整且精确的化合物调控网络，可以让自身与周围环境及其他物种建立密切交流。

面对环境的刺激，人类大脑可以收集和处理信号，植物也不例外，甚至可能比人类更敏感。由于植物固定生长（没有腿，不能跑），因此它们更善于察觉光照、温度、湿度等方面的变化。以温度变化为例，科学家发现，植物拥有可以感受温度改变的相关基因。"野火烧不尽，春风吹又生。"这诗句中蕴含着深刻的科学奥秘，科学家曾经分离燃尽后的物质，找到一种能够促进种子萌发的分子 Karrikin。

除了感知气温，植物也可以对环境因素进行分辨。例如捕蝇草，可以辨认送上门的是猎物，还是触碰自己陷阱的干扰项。捕蝇草的方式就是感知物体接触陷阱的次数。对于单次触碰，捕蝇草不会做出过度反应，因为这可能是来自掉落叶片的扰动。通过这种方式，捕蝇草可以在捕获挣扎动物的同时，对一些非猎物的情况进行规避。

植物还有"记忆"能力。含羞草受到一定刺激后，叶片会弯曲。针对这一特点，研究人员将含羞草种植在花盆里，然后让花盆沿特制的滑道下落，下落时会带来刺激，导致含羞草将叶片闭合。经过六十次测试，当继续下落时，可以观察到部分含羞草植株没有闭合叶片。这种现象可以被理解为：植物对于这种程度的下落产生了一种"不会伤害自己"的感知，于是不再闭合叶片。通过不断刺激，含羞草似乎产生了某种适应性变化，如同出现了"记忆"一般。

此类情况并非个例，在春化①中有明显的体现。研究者留意到，植物能够"记忆"冬天周期长短，从而精确调控发芽、发育和开花的时间。这其中的关键就是，当天气寒冷时，表观修饰发挥作用将开花基因 FLC② 关闭。

虽然植物不能移动，但它仍然可以控制其他器官的运动，最经典的例子就是植物可以控制气孔的开闭。不过，就算没有大脑，植物中的某些细胞也可能具备类似的功能。科学家观察到拟南芥的胚芽中，有两类细胞形成近似"中央指挥"的结构，其中一类负责种子休眠，另一类促使种子发芽。这两类细胞通过激素进行沟通，衡量植物附近的环境条件，把握种子发芽的时机。总而言之，植物或许没有大脑，但是它们可以像有大脑一样行动，且生活得很好。

---

① 春化：某些植物如冬小麦、白菜等，在发育过程中必须经过一定低温才能从营养生长转变为生殖生长的现象。

② FLC：拟南芥的开花抑制因子，FLC 基因是调控开花时间和春化反应的关键调控基因。

第 11 课

植物真能防辐射吗？

随着生活质量的提升，辐射聚集的环境也随之而来。为了避免辐射的影响，人们使出了千奇百怪的手段，其中之一就是通过摆放小盆栽来防辐射。在防辐射广告中，常见"买盆仙人掌放在电脑旁""买个多肉植物放在桌边"等广告词，那么，这些所谓的防辐射植物真的可以防辐射吗？

首先，开宗明义，什么是辐射？通常意义的辐射分为两种：电离辐射和电磁辐射。像平时生活中的电脑、手机等设备发出的全部属于电磁辐射，由发射源释放，向各个方向辐射传播，而家电设备发出的电磁辐射属于从红外到无线电的范围，电脑的电磁辐射大部分源自电脑内部的多种电路。当电脑开启时，电磁辐射随之而来。因此，放一台电脑在那里，电磁辐射向四面八方发出，由此而来的电磁波的强弱，基本上由电脑自身决定。事实上，我们不必对电脑辐射过于害怕，它的能量没有可见光的高，即便不加任何防护去操作电脑，其辐射影响健康的可能性都是很低的。

那么，植物防辐射的说法是否具有科学道理呢？一般广告中介绍的能够防辐射的植物大多是多肉植物。多肉植物的茎等部位相当肥大，常见的有仙人掌、芦荟等，多数生长在干旱或半干旱地区。仙人掌生命力顽强，可以在高温缺水的条件下生存。为减少水分的流失，叶片表面积也进行减小，最终变成针状，而这一特点也成为"防辐射"功能的假想延伸。以仙人掌为例，因其居住的区域在光照丰富的沙漠，因此，大家认为仙人掌拥有抵挡和吸纳太阳辐射的功能，从而推测出仙人掌也能抵挡和吸纳电脑辐射。实际上，仙人掌对于紫外线辐射有很强的抵御能力，但是它并不能屏蔽或吸附电磁辐射。更加有趣的是，电磁波是一种物质，不过，是一种特殊的物质，因为它实际存在，你却看不见、摸不着，必须用仪器才能探测到。

对此，科学家做过相关测试。测试内容就是探究包括仙人球在内的防辐射植物的真实性，结果发现仙人球并不能做所谓的"防辐射"工作。因此，把仙人掌当作观赏植物还可以，若是用来防辐射，从科学上来讲是行不通的。事实上，除了仙人掌，迄今为止还没有发现任何植物能实现吸收辐射，从而避免人体被辐射干扰。因此，依靠植物是无法实现防辐射的愿望的。如果一定要找一个物件来抵挡辐射，那么，有效方式之一是水泥板。从另一个角度思考，电磁辐射是全方位的，那植物凭借自身又如何能抵挡得住呢？当然，仙人掌有其自身作用，作为经典绿色植物，它可以净化、美化环境，同时还可以缓解眼睛疲劳。

如果想要降低辐射的影响，根本方法是远离辐射源，减少与其接触的时间。另外，在饮食方面进行调理，增强机体免疫力，可以有效抵御辐射的侵害，保护人体健康。

第 12 课

为什么有的植物喜欢"吃肉"？

很多小伙伴的饮食习惯是"无肉不欢"，那如果告诉你，在植物界也存在相同喜好的种类，你会不会大吃一惊呢？毕竟在通常认知中，植物利用阳光完成光合作用，将无机物转化为有机物，从而维持自身生长。不过，有一类植物很特别，它们的食谱上居然会出现肉类，这就是食肉植物。食肉植物的猎物范围很广，小到昆虫，大到鼠类，只要塞得下，统统来者不拒。食肉植物吃食物时，手段特别，且"不忍直视"，因为它们是通过分泌消化液，将这些倒霉的猎物逐渐溶解掉的。那么问题来了，为什么自然界会出现食肉植物这种"怪胎"呢？如果答案是逼不得已，你相信吗？

在达尔文 1875 年所著的《食虫植物》中，曾经解释过食肉植物的由来。土壤是植物获取氮素的重要来源，而氮素是制造蛋白质的主要原料和合成 DNA 的主要成分。不过，土壤中的氮素终究有限，部分植物无法吸收到足够的氮元素。面对这种险境，食肉植物也不得不开发出新技能，因此，叶片就逐渐变成捕虫囊。当昆虫掉入囊中，食肉植物就分泌一种酵素，这种物质能分解蛋白质，从而将昆虫消化吸收，补充自身的氮素营养。

事实上，在广袤的大地上，并非每一块土地都是肥沃的土壤，不少地方长期处于砂石遍布的荒凉境地，营养元素长期高度匮乏是在这些贫瘠区域生长的植物所面临的难题。即便是看似内容丰富的沼泽，也因为长时间是酸性环境，蕴藏大量有机质的土壤没有办法利用细菌分解，为植物提供充足的营养。在种种长时间缺乏营养的环境中，一些植物被迫掌握了将蛋白质丰富的昆虫和小动物变成"美味"的营养来源的技能。

很多人以为吃肉对于植物来说可能是一个更好的选择。不过，在进化过程中，食肉植物想要更好地存活下去，付出的代价也着实不小。比如，它们叶片的功能性发生了极大的转变。一般的植物叶片主要进行光合作用，但是食肉植物的叶片需要引诱和捕捉猎物，久而久之，执行光合作用的叶片会越来越少。即便叶片保留了光合作用的功能，但是效率比较低，加上氮元素摄入依旧有限，因此，众多的食肉植物并没有因为"吃肉"而变成庞然大物。

作为"吃肉不吃素"的另类植物，猪笼草一定榜上有名。作为相貌独特的藤本植物，猪笼草得名原因在于叶片上挂着一个被拉长的椭球体的捕虫笼。据记载，猪笼草最大能长到50厘米高，捕虫笼的直径可达25厘米。其猎物范围不局限于昆虫，它还可以捕食蜥蜴、蛙类、鸟类等体型更大的动物，威力可见一斑。由此可见，虽然自然法则中动物吃掉植物是普遍规律，但是不乏一些异类想要挑战此规律，更令人惊奇的是还挑战成功了。本来生为植物，食肉植物却用动物的方式顽强地生存下来，从而增添了物种的多样性。

第 13 课

植物如何抵抗严寒?

冬天来了,妈妈常叮嘱孩子要多穿衣,这是人类抵御严寒的有效方式之一。可是植物不能像动物一样转移到温暖的地方过冬,也不能在毛皮下产生足够的热量来取暖,那它们是如何过冬的呢?

事实上,植物耐寒抗冻也是有自己的"法宝"的。

首先,过冬的物质和能量是必不可少的。植物跟动物一样,需要尽可能多地储存糖、蛋白质和脂肪的含量,一方面注重储存,另一方面也要减少支出,特别是减少水分在身体里的比重。其次,还有一个秘密,就在于植物激素。植物激素是一种微量有机物,在植物体内合成,然后被运送到其他地方,对生长发育具有明显作用。常见的植物激素有生长素、赤霉素、细胞分裂素、脱落酸、乙烯等。植物激素的本质是小分子有机化合物,别看它们简单,功能可是不小。不同的植物激素会对植物产生不同的生理作用,可以影响植物细胞的分裂、分化,也可以影响植物的发芽、开花。总而言之,植物激素对植物的生长发育意义重大。

针对植物的寒冷抗性,科学家研究最多的植物激素是脱落酸。一开始脱落酸被当作一种生长抑制剂,后来研究发现,在果实发育成熟、器官脱落、种子休眠等过程中，它都具有重要作用。更多研究表明，脱落酸在植物逆境反应中也有不小的作用。一般来说，植物抗寒能力越强，脱落酸含量就越高。渗透调节对于提高细胞膜的稳定性具有突出作用，而脱落酸可以促进植物体内相关物质的含量增加，从而为细胞提供保护。同时，脱落酸还可以诱导表达与抵抗寒冷相关的基因，提高植物对低温严寒的防御性能。

除了脱落酸，赤霉素也是一种跟植物耐寒有关的植物激素。数据表明，植物耐寒水平的提升与赤霉素总量下降有关，而且脱落酸与赤霉素的比值也是植物耐寒能力的指标之一。当植物被寒冷侵袭时，这一比值提高，耐寒水平也增强；反之，脱离低温后，脱落酸与赤霉素比值降低，抵抗寒冷的能力也随之降低。

另一个在对抗逆境方面具有重要作用的植物激素是细胞分裂素。这种植物激素能够促进根芽细胞的分裂。细胞分裂素在植物器官衰老方面具有明显的延迟效应。经过对水稻幼苗的研究，研究人员注意到，细胞分裂素对幼苗的抗寒水平有明显的提升作用。

除了植物激素，植物的应对冻害措施远比想象中来得更早。有些植物在冬天寒冷来临前，通过叶子掉落来防止冻害，因为这样可以帮助截断根部和叶片之间的水流，其中的代表植物有胡桃和橡树。另一些植物可以通过分泌物质的方式来对抗严寒，例如松树，会在树皮表面分泌一层蜡质，而像椿树等则分泌胶状物质来防止冻害。还有一些植物选择在冬天"暂时死亡"，等天气暖和之后，通过根部再次发芽或者从种子长成新的植物。由此可以看出，许多植物在寒冷来袭之前就已经准备好应对寒冷的气候了。

第14课

不会动的植物有哪些办法保护自己?

在社会生活中，很多孩子从小就被父母灌输"遇到危险先学会自救"的道理。人类社会如此，自然界也不例外。在大自然生存，最基本的一条原则是：遇到危险时，要想办法保护自己。动物在这方面展现了很多逃生手段，而作为静生生物，植物在躲避敌害时，自然不能像动物一样通过逃离来应对。可不会跑又不能跳的它们，是如何对付敌人的呢？事实上，植物的手段还真不少。

第一种，让对方不好下嘴，比如叶子表面含有蜡质，会造成很硬的口感，很难咬动，其中的代表是松柏。要是对方不管不顾非要下嘴，那就让自己变得难吃。这是最简单的办法。难吃至极，自然难以下咽，吃一口就绝不想再吃下去了。采取这种方式的植物，像蕨类植物，它们内含大量单宁，加之水分稀少，因此，吃上去干涩无比。喜欢这种口味的生物肯定少之又少。第二种，如果对方脾气足够犟，那就要使出撒手锏，即所谓毒死你不偿命。如果植物含毒，自然会赶走不少敌人，毕竟吃一口就一命呜呼，这种一锤子买卖肯定没什么动物想做，典型代表是狼毒。

植物制造毒素的能力有近千万年的历史，而且植物还开发出毒素的特异性，不同的捕食者对应不同的毒素。当然，很多植物的演化是跟昆虫同步的。当植物进化出针状刺突的防御方式或者通过产生有毒物质来防御昆虫时，昆虫要么想计策躲避针刺，要么培养出针对相应毒素的抗性。当昆虫适应之后，植物又产生更厉害的方式，如此反复循环持续下去。更有意思的是，很多植物用来对付昆虫的化学物质被人类青睐，最终变成美味之一，像肉桂、薄荷等，既是植物用来防御昆虫的化学物质，又是人类钟爱的香料。因此，有时也可以在植物上喷洒多种香料的混合物来治理害虫。

除了以上种种，植物在处理外界关系时，还有一招极为巧妙的应敌之术——围魏救赵。经典例子之一是毛毛虫。毛毛虫可以啃食多种植物，这时，植物受损的组织会排放某种化学信号，诱使毛毛虫的天敌寄生蜂飞来，这样植物也就脱险了。

与之相似的还有耧斗菜的故事。这是美洲特有的植物种类，毛毛虫喜欢啃食其花苞。耧斗菜的应敌之术就是，它们茎部的短毛会释放黏液，从而干掉毛毛虫、蚂蚁等入侵者，而虫尸会引诱猎蝽赶来，因为毛毛虫是凶悍的猎蝽的美食之一。这样一来，其他毛毛虫也不敢在猎蝽附近出现，花苞就可以幸存下来了。当科学家移走一些耧斗菜上的毛毛虫尸体，并且与没有移除虫尸的耧斗菜进行对比后，发现移走毛毛虫尸体后，耧斗菜上的猎蝽数目确实比之前少了很多，而遭遇啃食的状况显著增多，由此可知，耧斗菜确实可以通过虫尸吸引猎蝽来驱赶毛毛虫。这些发现让人不禁感叹植物的聪明。大自然的神奇从来不会让人失望！

第 15 课

植物没有耳朵，它们能听懂音乐吗？

　　声音是传递信息、表达情绪的重要载体。动物可以聆听声音，根本原因在于声波传入耳内，刺激听觉神经，之后经过耳蜗将声波传到大脑皮层。可是，研究人员并没有在植物体内找到类似可以接收声波并做出反应的结构。换句话说，植物没有"耳朵"。那植物还能对声音产生反应吗？动物可以感知音乐，植物也有这样的能力吗？

　　首先了解一下植物和音乐的关系。早在 1983 年，科学家就注意到了这一有趣的现象。其中一种做法是给番茄戴上耳机，然后播放三个小时的音乐，出人意料的是，番茄重量大大增加。这个神奇的发现吸引了各国学者。不仅是番茄，他们也在水稻、花生、甜菜等一系列植物中用音乐做类似实验，发现音乐确实对作物有提高产量的效果。

　　除了音乐这样的声音，对于其他声音，植物有敏锐的分辨能力吗？科学家为此做了一个实验。他们对 650 朵以上的植物花瓣详细记录，分析花瓣对蜜蜂发出的嗡叫声和背景声的反应有无不同，同时测量花蜜的产出。研究者选用的背景声是风声和雨声。实验结果表明，植物可以通过花瓣感受蜜蜂靠近时翅膀发出的声波，同时，花蜜中的糖浓度明显提升。根据这一结果，研究者表示，花朵的表现似乎说明一个道理：它们不仅能感知声波的振动，还能与环境杂音进行区分。与此同时，花朵的形状也带来新的启示：由于花朵呈碗状，因此可以更好地捕获声音。

如果说植物有捕获声音的能力，甚至能够进行一定程度的区分，那么音乐会以什么方式促进植物生长呢？众所周知，植物的叶子和花瓣上面散布着众多气孔。气孔作为"出入口"，参与植物与体外环境进行气体交换和水分蒸腾的过程。科学研究发现，当播放音乐后，音乐经过空气的介导产生的声波含有一定的律动。声波振动会影响气孔的开闭，可以扩大叶子和花瓣表面的气孔。气孔开放到一定程度，一方面帮助植物提升二氧化碳吸收水平，促进光合作用的进行，增加有机物质的产出，另一方面也增强植物的呼吸作用，产生更多能量，加快植物的生长速度。

当然，音乐时长增加不一定是件好事。研究结果表明，如果用每隔6秒的节奏对植物进行音乐刺激，那么植物的脉冲在20分钟后会与节奏趋于一致。但是连续播放一个小时以上，植物的脉冲会失去原先的规律，甚至对植物的生长产生不好的影响。此外，植物欣赏乐曲也有自己的韵律，最好用100赫兹的低音效果。在音乐类型方面，植物也有自己的偏好。相比而言，韵律优美的乐曲更容易受到植物的青睐，比如巴赫和贝多芬的古典音乐。由此可见，植物确实能对音乐做出反应。更重要的是，给植物听点它们喜爱的音乐还可以让它们长势更好。

第 16 课

一株转基因植物是如何诞生的?

很多人都对转基因感兴趣，转基因食品更是社会热点话题。这一次，我们不蹭热度，从另一个角度来看待这件事情。对于很多人来说，感觉转基因很近，实际上对于转基因植物如何诞生并不了解，或者说一知半解。现在我们就来看一看，转基因植物究竟是如何生产出来的。

用最简单的话语来描述转基因植物生产的过程，可以分为几个经典步骤：基因克隆、载体构建、转化、重组和筛选。

如果要构建转基因植物，首先需要克隆目的基因。研究者最常用的手段是 PCR（聚合酶链式反应）。通过 PCR 将需要的基因片段从原始的生物遗传物质中分离出来。接下来就是"包装"这一段 DNA 序列。因为线性 DNA 容易发生降解，所以研究者要通过酶将这一段目的基因插入到特定的质粒分子上。之所以使用质粒，是因为其拥有一些优势。质粒是环状结构，首尾相接，这意味着它可以稳定地获得目的基因。质粒还能够跟随大肠杆菌的分裂而复制自身，因此能够获得数目众多的包含目的基因的质粒分子。

之后是转化步骤，需要农杆菌的协助。农杆菌是土壤细菌，主要侵染植物，可以让侵染部位通过分裂，产生众多细胞，形成一种叫作冠瘿的疙瘩状物体。研究表明，植物产生冠瘿的原因是农杆菌将一部分自己的DNA移入植物基因组中了。通过生物工程方法，科学家改造这一部分的DNA序列，可以同时达到几个目的：既留下农杆菌把自身片段导入植物中的功能，同时又去除合成营养物质的基因，另外还引入一些"装卸位点"，帮助其更好地装载。目的基因完成装配后，接下来是将其导入农杆菌内，之后用带有目的片段的农杆菌去侵染植物。

考虑到植物的细胞壁比较厚实，在这种情况下，用柔嫩的部分更容易让农杆菌导入，例如对大豆，就通过位于茎部尖端的分生区域来侵入。导入完成后，目的基因片段就通过农杆菌进入植物细胞内，并且与植物遗传物质绑定在一起。除了通过农杆菌转化，研究者还能采用基因枪或者电转化完成转化。

不过，这件事情还没有大功告成。虽然农杆菌已将DNA片段送入植物体内，但是有没有抵达目的地呢？到了什么地方？能否正常地发挥功能？这个时候就需要筛选了。还记得之前对特定质粒进行的改造吗？特定质粒上含有其他检测基因，这个基因具有重要功能：用来检测目的基因是不是去向正确的地方。这种基因被称为报告基因。一般情况下，报告基因是通过编码具有抗生素抗性能力的基因来完成检测的。也就是说，当这类基因整合到植物基因组后，培养基中加入的抗生素就对植物组织构不成威胁了。此外，我们还需要确认目的基因是否正常表达，采用的技术手段有PCR、Western Blot杂交检测等。

如果成功检测到目的基因已经进入植物DNA基因组中，并且正确表达了，接下来对这些植物组织进行组织培养，就可以获得完整的携带有目的基因的植株了，这些植物也就属于"转基因植物"了。

第 17 课

没有人类，南瓜可能早就灭绝了？

　　通常人们的印象里，人类活动会给自然界造成比较严重的后果，比如，由于人类的活动造成野生动植物的生存面积严重缩水，生态环境受到破坏等状况，更严重的是造成物种灭绝，经典的例子是渡渡鸟。不过，在某些情况下，人类也在拯救一些生物。

　　这一次，人类充当救世主拯救的物种是南瓜属的多种植物。人们对于南瓜属的植物并不陌生，其中包括很多我们日常可见的南瓜、西葫芦等重要蔬菜。不过，有一个现象估计很多人没有关注过：这些植物遍布全球农场，但在野外很少能发现它们的踪影，甚至人们已经无法找到有些南瓜属的野生种。这是怎么回事呢？

　　这要追溯到一万年前。各种类型的食草哺乳动物对于南瓜属植物的生存具有重要的支持作用，特别是后代繁衍的时候，这些食草动物对于种子的传播至关重要。不过，这种情况随着人类活动发生了剧烈的变化。大型动物逐渐灭绝，适宜南瓜属植物生存的环境也不复存在，由此而来的后果是南瓜属的植物种子无法被传播，南瓜属植物在野外也就逐渐衰败。

　　不过，巧合的是，衰败状况没有持续多久，在美洲多地生活的人类开始对其展开驯化。这一点可以通过三方测序得到验证。研究人员同时调查了存世至今的野生和被驯化的南瓜属植物，此外，对残留在考古化石中的南瓜属植物的种子进行了测序，了解到南瓜属植物在户外出现衰落时，生活在美洲的人类已开始对它们进行驯化。

研究者探究其中的原因，一是或许当时的人们把南瓜属植物着重培养为农作物，二是或许人类的活动呈现碎片化，恰好有利于南瓜属植物的生存。不管是哪一种缘由，人类都给南瓜属植物带来了崭新的生机。

追溯过去，为什么大型哺乳动物的灭绝会对野外南瓜属植物的生存产生影响呢？其中一个有意思的发现是，研究人员曾注意到哺乳动物的体型与苦味敏感度呈反比。也就是说，越大的哺乳动物对苦味越不敏感。野生南瓜属植物恰好属于这种情况，因为它的果实是苦的，而大型哺乳动物可以把这些果实当作食物，因此，研究人员推测这些大型哺乳动物对苦味不是很敏感。针对这个情况，科学家确实在动物的排泄物中找到了野生南瓜属植物的种子，从而说明已消失的大型哺乳动物曾助力南瓜属植物扩散种子。

而当这些庞然大物灭绝后，由于较小型哺乳动物对苦味更敏感，因此，它们不会选择吃南瓜属植物的果实。这样一来，就很少有动物能够帮助它们传播种子，也就造成野生南瓜属植物在自然环境中越来越少的局面。随着人类的介入，经过驯养的南瓜属植物和野生的南瓜属植物逐渐形成生殖隔离，从而也拒绝了两者之间发生基因流动。某种程度上，今天能吃上可口的南瓜，正是由于当年它们在野外的衰落。

第 18 课

植物开花到底有什么意义?

　　植物开花显然不是为了争奇斗艳,更不是为了讨好人类,说到底,是出于自身延续后代的需要。植物通过有性生殖将繁殖能力最大化。要想完成有性生殖,授粉是必经之路。含有精子的花粉在媒介的帮助下,从某植株的雄蕊传递到同种的另一植株的雌蕊,完成受精过程。当然,这不是唯一形式,还有植物可以自花授粉。那么,花粉如何去往应该到达的地方呢? 这里就需要媒介的帮助。

　　传递媒介有多种,比如风媒。一旦遇上大风天,细碎的花粉就会被吹得漫天飞舞。通过这种方式,花粉就可以到达自己的目的地,实现授粉大业。不过,可以想见的是,这种方式概率很低,因为绝大多数花粉颗粒会落在没用的地方。如何提升传粉效率? 植物自己动不了,但动物能走来走去,因此,借助动物就成为一个切实可行的办法。植物只要能吸引动物经过,就可以让它们携带自己的花粉去拜访另一株同种植物。

　　那么,植物是如何让动物"听"它的话呢? 当然,动物也不是傻子,要想让它们心甘情愿地充当"外卖员",必须付一些报酬给它们。因此,植物就制造了花蜜。花蜜是一种味道甘甜、富含营养和能量的美食，通常由花中或花外组织的蜜腺分泌而来，很多动物（如蜜蜂、蝴蝶、蜂鸟等）都难以抵挡。这样就可以换取动物为植物的繁衍而工作了。

传粉者，如蜜蜂采集花粉后，传递给同种植物，可蜜蜂是如何寻找花朵的呢？研究表明，蜜蜂的眼睛对除蓝色之外的大多数颜色都不敏感，可是自然界中拥有蓝色素的植物并不常见。那么，不是蓝色的花朵该如何有效地召唤蜜蜂呢？奥秘就在花瓣的表面。花瓣的表面上排列着肉眼不可见的不规则构造，其中的纳米构造图案可能会干扰植物开花时的色彩。科学家选择了十几种花卉，不仅颜色不同，而且亲缘关系较远。当阳光照射在表面时，尽管它们的纳米结构各不相同，但是大部分无序的纳米结构都能够产生蓝色的"光晕"——无论它们所含的色素是什么。通过这种方式，即便花朵不是蓝色的，但也可以用类似蓝色花朵的方式吸引蜜蜂。

那么，这些蓝色光晕是否真的能吸引蜜蜂呢？科学家用实验说明，首先，设计一些人造花，这些花一部分带有天然花朵的纳米表面图案，另一部分则不带这些图案，然后，通过观察蜜蜂的表现，科学家发现能够产生蓝色光晕的人造花对蜜蜂最有吸引力，因此，蓝色光晕是视觉上吸引蜜蜂的关键。科学家提出，通过不规则的构造反射蓝色光晕，可能是一种重要的繁殖特性，在整个进化过程中被保存了下来。由此可见，为了繁衍生息，植物在开花上可是动了不少心思。

第 19 课

捕蝇草究竟是如何吃肉的？

作为经典的食肉植物，捕蝇草一直吸引着科学家的目光，因为其迥然不同的食性或许暗示着进化的新方向。科学家关心的问题包括：为什么捕蝇草可以生食肉类？它是如何完成全过程的呢？

这种草的叶子有一个神奇的功能——它们能从叶子边缘分泌蜜汁，因为那里有蜜腺。这些蜜汁可以诱使昆虫接近。猎物靠近后，捕蝇草首先需要感知猎物。在捕蝇草的顶部，有一个类似牡蛎的捉虫夹子，叶片边缘则长有一些不规则的所谓的"触须"。这些"触须"就像陷阱一般，当猎物不小心触碰到时，捕虫夹子里的钙离子就会迅速增多，捕蝇草内部就会产生强度不大的电脉冲。这种电脉冲会促使附近的腺体分泌大量的茉莉酸。这是一种原始的防御手段，不仅食肉植物有，在非食肉植物中也存在。而且科学家比较后发现，无论是食肉植物还是食素植物，这一部分的基因都类似。不过，接下来两类植物的应对行为却存在明显差异。当普通植物释放茉莉酸后，会进一步促使植物产生防御类毒素。某些植物还可以利用酶帮助分解昆虫和细菌，以此完成自我保护。不过，捕蝇草释放茉莉酸不仅为了防御，还代表一种进攻。

捕蝇草捕捉小虫的能力让人惊叹。不过，更让人好奇的是，捕蝇草是怎么区分猎物和杂物的呢？科学家发现，当杂物刺激捕蝇草时，捕蝇草首先会触发电信号，电荷会发生一定程度的聚集，但这种刺激没有大到让捕蝇草的叶片迅速合拢。可是遇到猎物就不一样了。当昆虫触碰捕蝇草时，捕蝇夹子感受到异样的信号。当昆虫发生二次触碰时，钙离子浓度升高，再次触发新的信号。捕蝇草接收信号后向指定叶片运输水，在水的作用下，叶子飞快地从外凸变成内凹，昆虫就被捕蝇草扣住了。实验表明，捕蝇草每一次合拢叶子，都是一个耗损大量能量的过程。如果不能巧妙且准确地区分猎物，那么反复闭合几次后，捕蝇草就会"筋疲力尽"，哪怕到时候猎物送上门，捕蝇草的叶片也无法闭合。

抓住猎物后，捕蝇草通过分泌茉莉酸，促使叶片上的众多腺体分泌足量的蛋白水解酶。这些蛋白水解酶起到的作用是将捕获的昆虫尽快分解掉。不多时，那些昆虫就变成汤汁，等待捕蝇草吸收。这时，捕蝇草体内的一些基因被活化。研究者注意到，这些可以帮助捕蝇草获取昆虫身体的基因，与部分植物的根部基因极其类似。换言之，捕蝇草的叶片充当了根的作用。从另一个角度也可以说明，为何捕蝇草的叶子可以像植物的根系那样获取和运送养分。当然，捕蝇草也能进行光合作用，只是它的生活环境非常贫瘠，需要昆虫来补充营养。通常5~10天的消化，捕蝇草就能轻轻松松地把昆虫猎物的全部养分吸收一空。再次开放时，曾经完整的昆虫就只剩下空壳了。

第 20 课

植物如何分辨"亦敌亦友"的昆虫?

朋友和敌人之间,人类很容易做出选择,可是,有时关系的好坏不能那么简单地定义。面对复杂的局面,该做出怎样的选择呢?不光人类社会如此,植物世界同样有着复杂的关系。

经过漫长的进化,有很多物种都能完成生态协作,例如开花植物和蜜蜂之间形成了一种相互依赖的关系。为了采集花蜜,蜜蜂在觅食过程中,帮助植物完成传粉受精。而植物的气味、颜色等特征,也是为了引诱昆虫为其授粉,因此,花蜜也可看作是植物对帮助其授粉的昆虫给予的奖赏。

除了上述相互受益的情况,植物还会分泌化学物质。这些化学物质一方面能吸引帮助传粉、助力繁殖的生物,另一方面还能避免其他动物把自己当成食物。为了避免自己被吃掉,植物进化出相应的防御机制。比如,有些植物长出硬刺或者披上铠甲,让虫子咬不动,从此敬而远之;有些植物会让捕食者感觉"口感不佳",或者释放大量的蛋白酶抑制剂,让虫子消化不良。通过这番操作,虫子要么少吃,要么压根儿不吃。还有一些植物更狠,直接释放毒素,让虫子吃后一命呜呼。可尴尬的情况是,当一种动物既是自己的朋友,又是自己的敌人时，植物该如何处理呢？

遇到这种棘手情况的植物是烟草。本来烟草有一套完善的抗虫机制，因为它含有一种叫作尼古丁的化合物。当烟草被虫子啃食后，它就会释放信号，从而产出大量尼古丁，利用这种神经毒性物质进行防御。当昆虫吃下相应的叶片后，要马上对尼古丁进行"解毒"。这可不是一件轻而易举的事。一旦失败，虫子就会中毒身亡。可是这套机制碰到烟草天蛾就没办法了，因为烟草天蛾是一种极其耐受尼古丁的昆虫。我们知道，烟草需要烟草天蛾帮助自己传粉，可是烟草天蛾不会白白做善事，它们的幼虫会以烟草叶片为食，从而伤害烟草的成长。

那么，该怎么破解这样一个尴尬的局面呢？所谓解铃还须系铃人，烟草还是通过释放新的化合物来改变局面。首先，烟草天蛾的幼虫主要在夜间活动；其次，烟草会在夜晚释放一种化合物，叫作（E）-α-佛手柑油烯。这种化合物有助于烟草天蛾在烟草的花上延长驻留时间，从而大大提升传粉效率。烟草天蛾的幼虫准备寻找食物时，烟草的叶片开始分泌这种化合物，从而吸引来烟草天蛾的幼虫天敌，这是对植物的一种间接保护作用。正所谓"螳螂捕蝉，黄雀在后"，再厉害的昆虫也会有天敌。植物只要请来昆虫的天敌，就能为自己解围了。不得不说，烟草用一种化合物就完成了"欢迎朋友，驱赶敌人"两件事情，可谓"一箭双雕"。

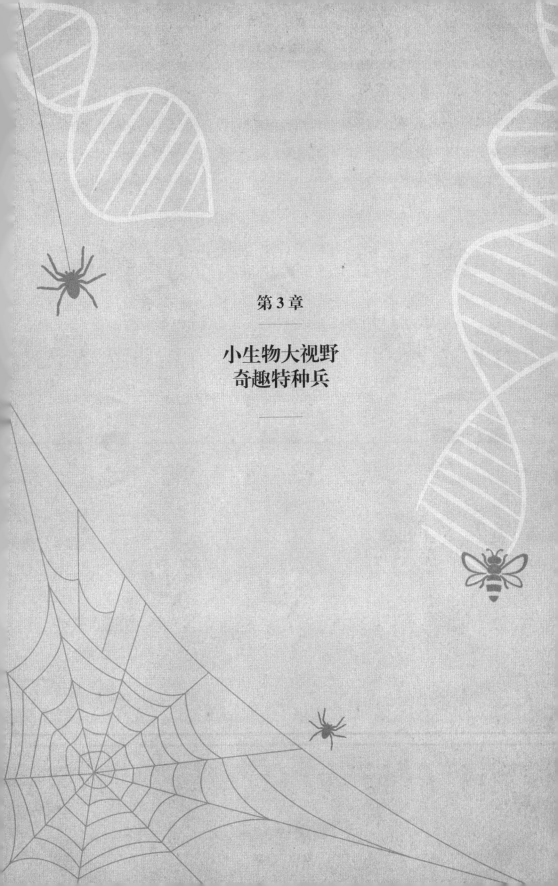

第 3 章

小生物大视野
奇趣特种兵

第1课

飞蛾真的是因为趋光所以才扑火?

《梁书》中曾提到"飞蛾扑火"的典故,相信不少人也见过飞蛾扑火的现象,但对于这种现象是如何产生的,则众说纷纭。有人说与飞蛾喜欢光亮有关,也有人说与爱情有关,甚至这种现象被一些文人赋予大无畏献身精神的象征意义。抛开这些精神属性,这件事究竟是如何产生的呢?光在飞蛾扑火的过程中,又究竟扮演了一个怎样的角色呢?

大自然中,很多生物都具有趋光的特性,这在觅食、交配等活动中都有所体现。如果飞蛾喜欢光亮,那么皓月当空时,在夜间活跃的飞蛾应该齐刷刷地飞向月亮才对。然而,事实上飞蛾只飞向灯光或者火光。如果仔细观察飞蛾的飞行轨迹,你就会发现一个特点:飞蛾并不是直直地迎面撞向光源,而是用一种螺旋的方式,也就是绕着圈地接近光源。观察飞蛾扑火的轨道,你会发现空中出现一圈圈虚拟的螺旋线。这种情况是如何产生的呢?

目前,关于飞蛾扑火的原因有很多争论,其中之一,也是传播较为广泛的理论是:跟光源的特性相关。在千百万年的进化历程中,生物为了保证行进方向正确,需要一个远方的稳定光源作参照物。于是,飞蛾养成了依靠月光等天然光源判定方向的本领，从而引导自己的飞行。作为一种极远的光源，它们抵达地球后，被视作互相平行的光线。飞蛾要想实现日常飞行，需要保持一定的飞行方向。那么，飞蛾就需要将自己的飞行路线与认定的光源保持一个稳定的角度，也就是飞蛾让光线总是以一个固定的夹角射入眼中。这样一来，飞蛾就能在自然光的指引下，沿着一条直线飞行，同时飞行路线也不会出现偏差，毕竟"两点之间，线段最短"。

作为一种夜行性昆虫，当夜幕降临后，明亮的光源就成为飞蛾辨认方向的"灯塔"。如果光源一直像月光那样遥远，那一切就相安无事。不过，人造光源，例如街灯，改变了这种状况。因为人造光源为近光源，各条光线并不平行。试想一只飞蛾在远方发现这处光源，显然会依据古老的习性，仍然以与这道光线的某个确定的夹角度数飞行。但此时光源并非平行光线，如果飞蛾坚持这个角度飞行，飞行轨迹自然就是往内弯曲的。这时，飞蛾飞出的轨迹就不再是一条直线，而是一条不断向灯光光源靠近的螺旋形飞行路线。这条线路在数学中很有名，叫作阿基米德螺线。对飞蛾而言，当人类的出现影响其生活时，它最大的问题是，没有学会分辨自然平行光和人造光源有何不同。

因此，飞蛾错把灯光当月光，义无反顾地扑上去，哪怕飞过了，也会马上翻身再扑。在农业生产中，人们利用灯光诱杀螟蛾，正是利用螟蛾的错觉，干扰其导航系统。大自然赋予了飞蛾导航本能，本来希望能对其产生指引作用，却想不到光源的混淆，让其走上了一条不归路。

蜜蜂中的蜂王是如何诞生的？

　　作为一种无脊椎动物，蜜蜂属于昆虫纲膜翅目蜜蜂科。从出土化石来看，蜜蜂已经在地球上生活了两千多万年。很多人对蜜蜂的记忆在于被叮咬，事实上，蜜蜂带给人类的震撼远不止于此，因为蜜蜂代表一种层次分明的生物社会形态。

　　作为一种社会性昆虫，一个蜂群由一只蜂王、少数雄蜂和千万只工蜂构成，其中分工劳作不仅是蜜蜂的重要特点，也是其他高度社会性昆虫所具有的显著生物学特征。那么，三种成员的不同分工是如何决定并产生的呢？

　　首先，先天的生殖方式决定了雄蜂和雌蜂的差别，未受精的卵孵化后发育成雄蜂，而受精卵发育成雌蜂。另外，雌蜂又因为后天的饮食差异而走向不同的命运。如果可以始终进食蜂王浆，长大后就能够变成蜂王。如果前几天吃蜂王浆，后面吃蜂蜜，那就会制约生殖器官的形成，从而长大后成为工蜂。工蜂是蜂群的基本成员，占总体数量的 99% 以上。不夸张地讲，工蜂的一辈子都是在东奔西走中度过的。

　　蜂王的重要性不言而喻。当然蜂王也很好辨认：拥有长长的身体，腹部膨大，体重更是普通工蜂的 2~3 倍。蜂王一生无须劳作，几乎都在蜂房中度过，饮食和卫生清洁均由工蜂负责，过着养尊处优的生活。在蜂群中，蜂王是独一无二的生殖器官发育成熟的雌蜂。也就是说，它是蜂群中唯一能产卵的雌蜂。蜂王在性成熟时进行一次婚配就可以满足终生需要，并且能将精液储存在体内。之后，它的唯一工作就是产卵，一天能产一千多颗卵，一生的产卵量在一百万颗左右。蜂王的寿命远远大于工蜂，能活五六年之久。相比起来，雄蜂寿命就很短暂了，它的婚礼就是葬礼，因为与蜂王交配后它便会一命呜呼。

蜂王也不是全无后顾之忧的，因为异常激烈的权势争夺战正在酝酿。如果某只幼虫被工蜂选中，并且用蜂王浆喂养，还在其周围筑起围栏——王台，那么这只幼虫就可能会成为新的蜂王。不过，老蜂王也不会坐以待毙。它会在产卵之外的时间里四处巡视，一旦找到新王台，就会将其彻底破坏，将对手扼杀于摇篮中。如果有新蜂王侥幸逃过毁灭性灾难直到长大，它就会有两个选择：要么带领一定数目的工蜂在巢外建立新群自立为王；要么向老蜂王发起挑战。此外，还有一种更为惨烈的情况：万一老蜂王死亡，那么工蜂会在短时间内修筑大量的王台，就会同时有众多蜂王出现。这些蜂王要么带着工蜂各自散去自立为王，要么留下来互相残杀，直到剩下最后一只蜂王。

在养蜂采蜜方面，蜂王的重要性不容小觑。俗话说"一只好王千斤蜜"，正说明了蜂王在蜂群中的作用。

第 3 课

蚊子的克星不是杀虫剂，而是同类?

蚊子非常令人讨厌，因为蚊子会叮咬人类并吸人血。不过，如果蚊子只是吸点血，人类大可不必紧张，真正让人类抓狂的是，蚊子会携带多种致病细菌和病毒，对人类生命造成严重威胁。据统计，死于蚊子叮咬引发的感染的人数，已经超过了两次世界大战死亡人数的总和。

蚊子是这般恐怖，杀伤力十足的白纹伊蚊更不是善类。白纹伊蚊，俗名亚洲虎蚊，是一种可怕的、具有高度入侵性的物种。不到半个世纪，白纹伊蚊就从发源地亚洲开始，在全世界迅速扩散，几乎征服了除南极洲外的其余六大洲。白纹伊蚊携带众多病原体，其中包括人们熟知的登革热病毒、寨卡病毒等。因此，如果能够控制它，甚至消灭它，对控制人类疾病将会大有帮助。

可是，控制甚至消灭白纹伊蚊谈何容易。要知道对方可不那么容易对付，因为它的卵能抗干燥，同时其幼虫又具备较强的环境适应能力，灭蚊的困难级别可想而知了。

抑制蚊媒传染病通常有两种遗传学方法：一是种群替换，简单说就是用人工培育的种群来替换原有种群，从而改变相应的遗传背景；二是种群抑制，即综合运用各种手段压制蚊子繁殖，从而削减蚊子数量。

科研工作者起初用辐射雄蚊的方法灭蚊，因为辐射能令雄蚊绝育，把绝育后的雄蚊放回野外，理论上可以抑制蚊子的繁殖。但实践中发现，这种方法存在不小弊端，原因在于忽略了雌蚊的"想法"。被释放的绝育雄蚊在数目上与庞大的野生雄蚊相比只是"小巫见大巫"，再加上其生殖竞争力不强，因此，其交配地位很糟糕。实际控蚊效果并不理想。

接下来，研究者尝试用微生物将蚊子绝育，即用沃尔巴克氏体共生菌影响蚊子的生殖行为：当雄性感染沃尔巴克氏体而雌性未感染同种沃尔巴克氏体时，交配后无法产生后代。这种细菌生活在昆虫细胞中，属母系遗传。它既可以抑制种群繁衍，又能在每代个体间实现纵向传播，继而影响寄主的繁殖。

基于这一思路，生物学家首先在实验室制造出"卧底"，即感染了沃尔巴克氏体的雄蚊，之后将其释放到自然环境中。当被改造的雄蚊与雌蚊繁殖时，就能有效减少蚊子的后代。其中的关键是"不同种"。只要携带不同种的沃尔巴克氏体的雄蚊、雌蚊进行交配，就不能繁殖后代；而携带相同种的雄蚊、雌蚊相遇并交配，还是能生育后代的。这种方法一开始可能会奏效，但会产生严重的后果，因为携带同种沃尔巴克氏体的雄蚊和雌蚊的后代经过足够长时间后，可能会取代当地的优势种群，之后再想用沃尔巴克氏体控制蚊子数量，就变得更加困难。

一个方法得到"负"结果，另一个方法也得到"负"结果，那有没有可能负负得正呢？科学家想到了一个更好的灭蚊版本——二者合而为一。科学家采用特定沃尔巴克氏体组合，同时利用射线照射让雌蚊失去生育能力，而雄蚊的生殖竞争力也不会因为低剂量的辐射水平受影响，从而把雌蚊绝育与雄蚊感染相结合。目前，这种双管齐下的方法在控制蚊子数量方面效果显著，展示出了对抗蚊子传播传染病方面的潜力。接下来，研究人员将进一步观察这种方法的长期可持续性。

第 4 课

为什么苍蝇比较难抓？

在打苍蝇时，大家会有一种感觉，就是怎么打都打不到！好似苍蝇都会"幻影移形"之术。为什么苍蝇的身手如此敏捷？原因在于，苍蝇有一套了不得的视觉器官——复眼。复眼是由很多六边形的小眼组成的器官（小眼的数量大概有四千个），其视野范围可谓三百六十度全景式覆盖。与其说苍蝇动作快，不如说这个世界在它眼中移动得太慢了。

剑桥大学的研究人员曾经做过一个实验，即利用慢动作摄像机记录杀手蝇捕食果蝇的过程。杀手蝇是一种生活在欧洲的小型食肉动物，在所有苍蝇中，它的视觉反应速度最快。在视频中我们看到，杀手蝇先是按兵不动，当果蝇距离它约 7 厘米时，神奇的一幕发生了：大家感觉眼前一花，定睛再看时，发现果蝇已经被杀手蝇制伏了。科研人员马上重看录像，发现短短的一瞬间，杀手蝇居然做了很多事情：它先是绕着果蝇旋转跳跃了三圈，最终才成功抓住果蝇的前腿。而这一过程只花了不到一秒钟。

为了生存，苍蝇拥有不只一件法宝。之所以能快速躲避人的手掌，除了有灵敏的眼睛，它还有另一个武器——平衡棒。平衡棒由苍蝇的后翅退化而成，长得像哑铃（但苍蝇不是用它来"练肌肉"的），可以用来调节翅膀的运动方向，即保持平衡。有了它们，苍蝇便可以往后"倒车"，这样，逃避危险的方式又多了一种，不然就只能原地打转了。

那人类真的就对付不了这个小家伙吗？

为了能打到苍蝇，人们开始研究苍蝇的飞行特点。人们发现打苍蝇可以在苍蝇刚降落时进行，也可以在苍蝇起飞时进行。苍蝇的降落方式多种多样。有些苍蝇会把前腿伸出来放在物体表面，再把身体摆到位，好似后空翻；另一些苍蝇的落地手段则更接近滚筒。通过以上观察，科研人员注意到，苍蝇更多的是依赖视觉来完成相应动作的，比如，当前方出现天花板时，它必须在 50 毫秒内决定自己如何倒转身体并用脚抓住天花板。此外，苍蝇有两对翅膀，前翅巨大，后翅已经变成平衡棒。苍蝇的前翅非常厉害，因为飞行时，它是按照倒"8"字形来振动翅膀的。这种振翅方式的好处就是可以制造旋涡状气流。如果要找一个参照物，最接近的就是龙卷风了——能产生向上和向前的强大力量，把空气阻力变成动力。当然，这里的动力来源是苍蝇强大的飞行肌肉，它们位于胸背部外骨骼的下方。其次，连接翅膀和飞行肌肉的关节非常灵活，可以通过自身转动让翅膀扭动。对苍蝇而言，那是一个复杂的拍打和扭动运动共同作用的结果。根据观察，苍蝇起飞阶段呈现的特点是，需要通过中足和后足进行"蹬地"弹跳。当然，苍蝇不是跳高选手。在完成弹跳后，它必须快速打开翅膀，然后就可以"一飞冲天"了。

那究竟应该怎么打苍蝇呢？实际操作是：手成握球姿势，慢慢靠近苍蝇，然后对准苍蝇快速横扫。注意要点：不要直接拍！因为苍蝇极少选择垂直起飞，它们是横向逃生的。不得不说，苍蝇能如此飞行，绝对是在神经系统和运动系统完美配合下才能完成的。好吧，看到这里，感觉苍蝇似乎也没有那般讨厌了，不打也罢。

第 5 课

中毒后，蚂蚁怎样做自己的"医生"？

中毒寻解药，这看似简单的道理，却蕴含着老祖先的智慧。人类很早便知道中毒后用药物解毒，不过这并不是人类的专长，比如蚂蚁，也擅长使用药物解毒。

产自南美洲的红火蚁，是一种攻击性极强的生物，当它们被侵犯时，红火蚁就会爬到侵犯者身上，用上颚钳住皮肤，然后利用腹部的螫针，刺破对方皮肤，进行毒液注射。被红火蚁叮咬过的皮肤会肿胀起来，并像火灼烧一般疼痛，个别严重感染者甚至会死亡。正因为拥有如此强悍的能力，它们才得名"火蚁"。每年，红火蚁入侵及造成的叮咬伤害为美国带来的经济损失高达数十亿美元。

毫不夸张地讲，美国人民因红火蚁已经头疼了十几年，直到红火蚁真正的对手出现才解决问题，那就是同样来自南美洲的黄疯蚁。一遇见它，红火蚁就无法"耍威风"了。事实上，黄疯蚁的个头没有红火蚁大，那为什么红火蚁打不过黄疯蚁呢？研究人员发现，黄疯蚁与本地蚂蚁不同，它们没有龟缩不前，反而愿意主动挑起战争。当然，红火蚁要捍卫自己的领地，便会将毒液喷射到黄疯蚁身上。接下来，研究者看到了神奇的一幕：黄疯蚁首先将腹部弯曲，用腹部末端的毒腺碰触上颚，然后用上颚不断舔舐其他部位。科学家推测，这种行为，是黄疯蚁在用自己的方式对红火蚁的毒进行解毒，而它的"解毒液"，正是自身分泌的液体。

为了证实这种猜想，科学家将指甲油涂抹到部分黄疯蚁的毒腺上，以此阻止黄疯蚁分泌液体完成自救；同时又将指甲油涂到另一些黄疯蚁的腹部两端。当这两种黄疯蚁与红火蚁接触时，末端毒腺堵塞的那一组只有一半能够存活，而毒腺没有被封堵的黄疯蚁则有 98% 生存下来。由此说明，黄疯蚁腹部分泌的液体确实可以有效抵消红火蚁毒液的毒性。

为了证明这种液体确实有效，研究人员还选用阿根廷蚁进行实验。阿根廷蚁无法像黄疯蚁那样分泌"解毒剂"，因此红火蚁的毒液对其具有致命作用。首先，研究人员令阿根廷蚁身上沾染上红火蚁的毒素，接着，研究人员把黄疯蚁分泌的液体涂抹到阿根廷蚁中毒的位置，结果显著提升了阿根廷蚁的生存率。显然，这种由黄疯蚁分泌的液体确实可以对红火蚁的毒液进行解毒。

由于黄疯蚁与红火蚁的原产地都在南美洲，因此黄疯蚁的这种独特解毒行为可能是在与红火蚁的长久竞争中进化而来的。不过，对当地居民而言，即便红火蚁可以被黄疯蚁取代，也不是一件值得庆幸的事情，因为黄疯蚁的破坏力也着实不小：同样能够破坏当地设施，以及对其他生物的生存构成威胁，颇有"刚出虎穴，又入狼窝"的感觉。未来，入侵物种带来的生态问题依旧让人头痛，不过神奇的自然也许会帮人类解决这个难题。

第 6 课

给毛毛虫蒙上眼睛会怎样?

人类用眼睛接收光线、感知世界。如果没有眼睛,很难想象世界会呈现什么模样。那么,其他物种,比如毛毛虫,是否跟人类一样,也是用眼睛感知世界的呢? 这个问题看起来有点傻。除了眼睛,毛毛虫还有其他的选择吗? 事实上,大自然给了它一种特殊的天赋。研究者发现,胡椒蛾的幼虫便有着非凡的感知能力,即便眼睛被遮挡,体色也会随着环境的变化而改变。也就是说,幼虫可以用皮肤"看到"色彩。

首先,我们需要了解一个问题:毛毛虫有没有眼睛? 从花花绿绿的毛毛虫身上找到眼睛,确实是一件不容易的事情。不过,如果仔细寻找你会发现,毛毛虫的眼睛长在头下方的两侧,每边有六个,被称为侧单眼。侧单眼只能用来辨别光线的明暗。

其次,在有些毛毛虫的背上,有两个很像眼睛的东西。不过,那不是真的眼睛,而是假眼。假眼是看不到东西的,主要作用是吓唬敌人。

因此,毛毛虫即便有眼睛,也不是通过眼睛来观察周围环境的。那它是如何"看到"周围的呢? 科学家通过一个实验,发现一个有趣的事实。研究人员准备了涂有黑色、棕色、绿色和白色这 4 种不同颜色的木盒子，并将它们放在一个更大的盒子中，然后再把 300 只毛毛虫放入大盒子中，以期利用这个装置来衡量它们感知颜色的能力。另外，研究人员还对毛毛虫的眼睛进行了处理，一些保持视线正常，另一些涂上黑色丙烯酸颜料，用来"遮挡视线"。结果显示，超过 80% 的毛毛虫选择与躯体色彩无限接近的盒子栖息（在不管眼睛是被遮住的状态，还是不被遮挡的状态皆是如此）。对毛毛虫而言，这种策略更为恰当，因为接近与躯体色彩相近颜色的盒子可以更快地保护自身，同时也是一种经济有效的方式。因为改变体色去适应环境，通常需要一周以上的时间，会消耗更多的时间和精力。

为增强说服力，研究者还进行了另一个实验。这一次，他们不让毛毛虫自主选择颜色，而是采取另一种方式。他们直接将"蒙眼"毛毛虫和正常毛毛虫这两种不同视力状况的毛毛虫放在与体色不同的木桩上，观察它们身体颜色的变化速度。结果令人吃惊，它们的速度是一样的。显然，眼睛是否被遮挡，跟毛毛虫感知颜色没有什么关系。

为了进一步查明毛毛虫的皮肤在感觉周围环境中的作用，研究人员对其皮肤中的光敏蛋白进行了测试，结果发现，毛毛虫皮肤中的光敏蛋白含量非常高。这也带来一些新的启示。从科学的角度来看，毛毛虫进化出这种通过皮肤感知色彩的能力，可能是希望获取更全面、更准确的视觉信息。毕竟在遭遇敌害时，如果眼睛无法直接感知颜色，那皮肤就能够感知周围变化，从而帮助自己躲避危险。关于毛毛虫如何接收和理解颜色这类视觉信息，研究人员还需要进一步探索，但至少我们知道了一件事：毛毛虫确实可以用眼睛以外的身体部分来感知和适应颜色变化。大自然又一次让人类感受到它的神奇。

第 7 课

屎壳郎推粪球竟然有如此多的妙用?

　　大力士是人们对力量强大者的赞誉，但若把这称号放到屎壳郎身上总让人感觉怪怪的。一般来说，我们熟悉的大力士是蚂蚁。现在，我们要了解的大力士，居然是个推粪球的，似乎落差有点大。不过，让我们抛开偏见，来了解一下"大力士"屎壳郎是个什么样的物种吧。

　　屎壳郎，学名蜣螂。之前，我们对于屎壳郎的认知，更多的是停留在它热衷于把多种动物的排泄物滚成球形，然后再将其藏起来。之所以这么做，是因为屎壳郎通过这种方式抚育后代。首先，雌屎壳郎会把粪球做成易于运输的椭球形。然后，它们会把卵产在椭球形粪球的顶部。当后代出生后，就可以食用粪球，等吃完，它们也就长大了。同时，粪便也转化为无机物，成为滋养植物的养料。除此外，一只屎壳郎一年可以处理约 0.5 吨的粪便。

　　这看似简单的行为，却为维持生态系统的稳定做出了不小的贡献：一方面及时清理粪便，让动物减少被蚊虫叮咬；另一方面也减少了疾病传播的可能。而这一举动更是拯救了一个国家——澳大利亚。当年澳大利亚引入牛之后，万万没有想到，牛粪居然遍布整个草原，导致牧草没有办法进行正常的光合作用，最终大面积死亡。当澳大利亚陷入"牛粪之灾"时，小小的屎壳郎拯救了他们。屎壳郎是牛粪的"天敌"，只用了几年时间就让草原恢复了勃勃生机。

不过，后来科学家发现，屎壳郎推粪球不仅仅是为解决食物来源，还有一项妙用，那就是把滚成的粪球当作"便携空调"。非洲南部的沙漠白天极端酷热，温度甚至可能超过60℃，因此，屎壳郎需要找到巧妙的办法让自己可以"乘凉"，而粪球正是此"纳凉利器"。研究人员经过观察和检测，发现三个要点：一是粪球可以作为平台，让屎壳郎的身体离开酷热的沙漠地面；二是屎壳郎的身体过热时，推动粪球，可以利用前肢进行散热；三是粪球相对潮湿，水分的蒸发让球体温度相当低，球在前方滚动，当屎壳郎推着球向前，就为下一步要到达的地点降了温。

另外，屎壳郎推粪球也是互助互利的，在南非有一种植物，它的生存就离不开屎壳郎。这就是银木果灯草。为了吸引屎壳郎的注意，它会把自己伪装成粪球。银木果灯草本身不像粪球，但是它的种子有以假乱真的效果，其与粪球一样，都是圆形，而且外表粗糙。除此之外，还有非常刺鼻的臭味。这种臭味类似于大型食草动物的粪便。这样一来，银木果灯草就能吸引屎壳郎来帮助它们传播种子了。

屎壳郎的另一个特点是：它是昆虫界的大力士。科学家发现，屎壳郎可以推动相当于自身重量1141倍的重物。这样的负重比例如果放到人身上，就相当于140斤的人能推动80吨的重物，简直是一个天文数字。

我们现在知道，屎壳郎看起来个头不大，做的工作也不光鲜亮丽，但它们依旧任劳任怨。正是这样的无数个默默付出的个体，才让整个生态系统能保持稳定。

第 8 课

除了吸血，水蛭还能做这件事情？

　　提到吸血动物，很多人的第一印象是蚊子这种生物。更让人厌烦的是，蚊子除了吸血，还有可能传播疾病。不过，这次介绍的生物，虽然也会吸血，但它还有治病的效用，它就是水蛭。水蛭遍布全球，给人们留下的最深刻印象就是它会吸血，而且无血不欢。水蛭会吸附于动物皮肤表面，依靠化学感受器分辨血液。一旦黏附上猎物，就会用尾部稳固身体，然后用头部的口器切开猎物的皮肤，饱饮鲜血。当受害者发现自己的伤口流血不止时，水蛭早已悄然离去。水蛭吸血常常要吸到饱，身体会撑大五倍不止。一顿饱餐能让它几个月不再进食，因此，大家对水蛭持厌恶的态度。

　　不过，很早就有人重视水蛭的神奇能力，可见对水蛭的研究可不是近些年才兴起的。早在数千年前的古埃及和古印度就有资料记载，水蛭可以用来为病人吸血。对水蛭的使用，在中世纪的欧洲达到巅峰。水蛭在取食血液时，会释放一种具备一定麻醉效果的水蛭素，因此，看到血液渗出，人却不会感到疼痛。当时的人们虽然并不了解背后之意，但这种实实在在的好处让人欣喜若狂。

　　水蛭因此被当作一种天然的治病神器。不过，一旦陷入盲目崇拜，就会引发真正的危机。当时，人们出现其他病征，如呕吐恶心、感冒咳嗽时，都会想到用水蛭试一试，甚至后来还掀起了放血疗法的风潮。当然，这样做不丧命就算万幸了。

不过，除去狂热崇拜，水蛭也确实曾被引入医学。我国古人早就发现水蛭可以入药。在中国，水蛭更多地被叫作蚂蟥、马鳖、肉钻子等。古人曾将晾晒干燥后的蚂蟥用于活血消肿。这一点，在药理上是可行的，因为水蛭分泌的水蛭素可以让创伤部位保持不易愈合的状态。

关于水蛭素的发现，要追溯到19世纪80年代。当时，人们第一次发现医用水蛭的提取物中，含有能够抗凝血的物质。不过，到20世纪60年代人类才首次实现水蛭素的提纯，这大大促进了对水蛭素的研究进展。

目前，关于水蛭素的研究表明，水蛭素在抗凝血方面拥有良好的效果，因此，在抑制血栓形成方面应该也具有很好的作用。除此之外，对于肿瘤转移它也有不错的抑制作用。由此可见，作为活血化瘀类动物药材的代表，水蛭在临床应用方面不仅具有悠久的历史，而且拥有十分广阔的发展前景。

除了抗凝血外，在整形手术和断肢接合造成的静脉淤积中，水蛭也可以派上用场，干的还是老本行——吸血。小小的水蛭恐怕怎么也想不到，自己在另一个世界会如此"受人追捧"，原本是自己谋生的吸血本领，居然会被人类"化害为利"，最终帮助人类解除疾苦，治愈疾病。

第 9 课

为什么蟑螂是杀不死的"小强"?

一提到"小强"我们就会想起蟑螂,但蟑螂只是一个泛称,通常是指所有蜚蠊目的昆虫。几乎没有人不讨厌蟑螂,那黝黑的身体,让人一想起就觉得头大。不过,如果放下偏见,仅仅从生物和自然的角度来看,或许你会对蟑螂的感觉有一些改观。

我们先来简单了解一下蟑螂。蟑螂比恐龙更早在地球上落脚,早在 3 亿年前的古生代石炭纪就有蟑螂的身影。而且直到今天,它的模样也没有发生太多变化,是不折不扣的"活化石"。目前,在地球上有超过 5000 种蟑螂,分布在除南极洲之外的所有大陆上。但不是每一种都是害虫,真正属于害虫的种类不超过 1%。大多数蟑螂承担着重要的自然生态角色,是出色的分解者。从这个角度来看,也就不用对蟑螂显露出厌恶的表情了。

在中国,一般情况下,南、北方的蟑螂有不小的差别。"北方蟑螂"指的是德国小蠊,体型不大,一般 1 厘米左右,体色偏黄,很容易辨认;而"南方蟑螂"指的是美洲大蠊,体长 5 厘米。不过,在中国,德国小蠊占据绝对优势,因为美洲大蠊的种群数量受到气温的严重影响。

提到蟑螂，不得不说它那超强的生存适应能力。在不吃东西的情况下，它能生存数月之久。另外，蟑螂拥有6条健壮的步行足，是世界上跑得最快的昆虫之一。同时，扁平的身体也能让它钻入狭窄的空间以躲避敌害。蟑螂还有飞行和游泳的能力，可以说，它能适应各种各样的环境。历经数次生物大灭绝，蟑螂依旧能活跃于地球上，可见这些"生存法宝"发挥了至关重要的作用。

不过，蟑螂更让人瞠目结舌的是，它是地球上生命力最顽强的生物之一。蟑螂当然能被杀死，不过没有那么容易。它恐怖的繁殖能力，总让人有一种错觉：怎么越杀越多呢？原因在于，大部分昆虫一生只繁殖一次，而雌性蟑螂可以多次繁殖。每一次繁殖，雌性蟑螂都能产生相当数目的卵鞘。有人对蟑螂一生的繁殖数目进行了统计，发现最多能达到上百个卵鞘，而一个卵鞘内拥有几十颗蟑螂卵。经历成熟阶段后，数目众多的小蟑螂会从卵鞘里爬出来。哪怕部分蟑螂卵被消灭，仍有数量众多的小蟑螂存活下来。在繁殖过程中，雌性蟑螂只要交配一次，就能终生产卵。除此外，蟑螂甚至还能开启生殖模式的切换，从常见的有性生殖转换到少有的孤雌生殖。也就是说在雄性不参与的情况下，雌性蟑螂就可以自己产卵，其不足之处是效率略低。因此，看到一只蟑螂出现时，千万要小心，可能它的背后会有千军万马。

蟑螂确实会对人类的健康造成威胁。当它们外出觅食时，会把很多种致病物质带到食物上，从而引发疾病。不过，蟑螂的贡献更大，除了充当分解者，参与生态循环外，在我国古代的文献中，就有利用蟑螂入药的记载。现在对于蟑螂的研究也越来越多，相信未来蟑螂会为人类的发展贡献更多的力量。

第 10 课

为什么蜜蜂更爱向右转？

　　蜜蜂虽小，却是一种高度社会化的昆虫，拥有非常复杂的行为特点。科学家通过研究蜜蜂，获取了很多有趣的知识，例如昆虫传递信息的问题。如果蜜蜂想要告诉伙伴哪里有蜜源，它们的做法是左右旋转，以"8"字舞的形式来表达想要传达的信息。不要小看蜜蜂的舞蹈动作，那里面蕴含有大量的信息。我们具体拆解一下蜜蜂的"8"字舞：当蜜蜂找到蜜源返回巢穴后，首先会以半圆的路径进行爬行。接下来，蜜蜂会做直线运动，其中直线与重力线的夹角表示了蜜源与太阳的夹角。除了方向，蜜蜂还可以通过爬行速度来表示蜂巢跟蜜源的距离远近。这些精妙的舞蹈方式，令蜜蜂在自然界占据一席之地。

　　科研人员试图拆解蜜蜂更多的行为以及行为背后的选择机制。例如，更换一个场景：眼前是一片开阔地，接下来向左走还是向右走，又或者直行，蜜蜂会怎样选择呢？对人而言，可能要衡量很多因素，那如果把这个问题抛给蜜蜂，或许答案就没有那么纠结了。这个问题涉及方向性偏差。方向性偏差并不是蜜蜂独有的生物特征，很多动物都存在这个特征，特别是社会化的物种，这对于集体凝聚力有一定的帮助作用。

那么，作为一种高度社会化的昆虫，蜜蜂是否也具有这种方向性偏差呢？研究者设计了一个实验，他们让30只蜜蜂探索两个构造不同的盒子，一个盒子里是开放空间，另一个盒子里则是狭窄的拥有众多分支通道的迷宫。研究者通过不同的环境设计来观察蜜蜂是否表现方向性偏差。

研究者首先记录在开放空间内进行的180次试验。在这些试验中，蜜蜂有三种选择：向右转、向左转和直接往前飞。结果显示，在86次试验（将近半数）中，蜜蜂向右转；在35次试验中，蜜蜂向左转；在剩下的59次试验中，蜜蜂直接往前飞。而在另一个空间环境中进行的试验，也就是观察蜜蜂在分支迷宫中的表现，则没有发现这种方向上的倾向性。经过更加仔细地测算，在开放空间进行的试验中，蜜蜂的转弯速度呈现差异性：向右转时，蜜蜂的速度比向左转时更快，这也进一步揭示了这是一种自动反应。对于这种行为背后有没有生理学证据进行支撑，科学家又做了进一步探寻。他们对比了蜜蜂左边和右边的触角，发现嗅觉感受器的数量是不一样的，右边的触角拥有更多的嗅觉感受器。嗅觉是昆虫最重要的功能之一，因此，这个发现为蜜蜂提供了一种对向右转偏好性的解释。

那么，蜜蜂表现出这种方向性偏差有什么意义呢？研究人员认为，这能帮助整个群体作出决定。例如，在选择筑巢位置时，当蜜蜂在探索过程中穿梭于树洞等地点，发现某些具有侦查作用的蜜蜂也出现在同一地点，那它们这种一致的行为模式会帮助它们选择那个地点作为筑巢场所。除此之外，当蜜蜂携带水和食物返回时，这种倾向性也有助于增加蜜蜂的社会凝聚力。

第 11 课

螨虫真的是"满"世界都有吗?

很多人喜欢赖在床上,一方面是因为不爱外出,另一方面是床很舒服。但他们不应因为一个人独处而感到孤独,因为还有一种不到一毫米的生物在默默地陪伴他们,这就是螨虫。螨虫几乎无处不在。作为节肢动物门蛛形纲中一种体积不大的动物,螨虫身体尺寸通常约为0.5 毫米。

很多人可能听过"三月不晒被,百万螨虫陪你睡"的说法。当时以为是老一辈人在用夸张的说法吓唬小朋友,事实上这并不夸张,因为螨的种类较多,而且发展较快,大有泛滥成灾之势。不过,螨虫的一生很短暂,只有大约一个月的时间。在有限的时间内,它们必须完成繁衍下一代的任务。那么,螨虫是如何影响人类生活,又是如何成为致命的传染源的呢?

螨虫家族有几大主要类别,其中之一是尘螨。它与灰尘混为一体,每 10 克灰尘中,就有上万只尘螨。有些家庭看似一尘不染,实际检测后会发现,螨虫尤处不在。别看这些小家伙个体不大,甚至在显微镜下才可以看清楚,但是它们携带着超过 12 种过敏源。像尘螨的尸体、分泌物和排泄物,都能够成为引发人们过敏反应的过敏源,从而在它短暂的生命周期中给人类带来极大的困扰。有时人们视觉上还没有注意到这些小家伙的存在，只要它的数量超过一定限度，人类的身体就可能产生很多过敏反应，如过敏性鼻炎、过敏性皮炎等。像床垫、枕头等地方，都是螨虫喜欢落脚的地点。这些地方，不仅方便螨虫转移到人身体上，更关键的是，在这些纤维缝隙中存留的皮屑是螨虫梦寐以求的上好美餐。虽然尘螨遍布各地，但它们对于生长环境还是有较高要求的。相对于干燥的北方，尘螨更爱温暖潮湿的南方。

除了是"贴身床伴"，螨虫还是"贴面达人"。这里提到的"贴面达人"就是蠕形螨。跟尘螨不一样，蠕形螨不喜欢与土混合起来，它们爱与人体形成更亲密的关系。这一点可以从蠕形螨的细分类型看出，其中之一是毛囊螨，另一种是皮脂螨。这两种螨虫的活动区域与皮肤表面的毛孔、毛囊和皮脂腺一一对应。它们体型极小，肉眼几乎观察不到。它们白天潜伏，夜晚出没，在毛孔上畅通无阻地进出，吸食分泌的皮脂和脱落的角质，甚至还在脸上交配。而且它们的繁殖能力特别强，十四天左右就能繁殖出一代。这种情况甚至出现在每一张人脸上。因为科学家曾经尝试在脸部提取螨虫的遗传物质，结果发现，几乎每一张人脸上都能发现螨虫的身影。

到目前为止，全世界螨虫的种类已经超过 5 万种，但是跟人类居住环境相关的不到 50 种。虽然比例不是很高，但是毫无疑问，这些螨虫对人类的健康构成了严重的威胁。因此，对螨虫的防治需要被提上日程。其中，老一辈的方法在当今仍不过时——将被褥和枕头晾晒在烈日下。不过，人类和螨虫的战斗注定遥遥无期，我们还要做更全面的准备。

第 12 课

如何让蚕宝宝不吃桑叶去啃胡萝卜？

蚕，是一种以桑叶为食的鳞翅目泌丝昆虫。它的一生，从卵开始，经过幼虫、蛹（茧）、成虫（蛾）几个阶段，最后交配产卵，完成一个循环。通常所说的"养蚕"，主要是指幼虫阶段的饲养。之所以有蚕必有桑，是因为蚕的唯一食物是桑叶。在幼虫时期，家蚕会不停食用桑叶，为了获得蚕吐的丝，我们必须满足蚕的口腹之需。因此，在传统以蚕为核心的产业链中，栽桑和养蚕几乎同时存在，甚至在漫长的历史演变中，栽桑养蚕已经成为华夏大地由来已久的传统。

虽然养蚕已有数千年的历史，但并不代表一切只能墨守成规。科学家想弄清楚一个问题：蚕宝宝为什么只爱吃桑叶？大家的第一反应是，家蚕肯定只认得出桑叶！虽然家蚕有眼睛，但它的眼睛构造不同于人类的眼睛，无法使物体在视网膜上成像，也就无法直接观察物体了。作为普通的光感受器，虽然家蚕的眼睛构造相对简单，但是它能够辅助蚕宝宝区分外界光线强度。

如果不是用眼睛观察，那会是什么帮助家蚕准确"挑食"呢？联想其他体感，人类把目光投向了嗅觉和味觉。

根据前人的研究，人类知道蚕宝宝拥有很好的嗅觉系统和味觉系统，因为它们可以帮助蚕宝宝准确地分辨出桑叶的独特气味，不会发生误食。我们都知道，昆虫的觅食取向，特别是植食性昆虫对食物的选择，主要由嗅觉和味觉来决定，其中有两类蛋白——"嗅觉受体"和"味觉受体"起到了重要作用。从这一角度出发，科学家们发现，以前的文献探索方向主要集中在"嗅觉受体"上，对于"味觉受体"的调查较少。研究思路确定了，科学家便开始着手确定家蚕的"味觉受体"基因。他们在 16 条染色体中一共找到 76 个基因，经过一系列排查实验，其中位于 3 号染色体的"味觉受体"基因——GR66 进入大家的视野。

得到 GR66 的纯合突变体后，科学家开始观察突变体在食物偏好中的不同变化。在继续提供一致的饲喂情形下，科学家发现 GR66 突变体的生长状况和发育能力依旧保持在稳定水平。尽管家蚕突变体的生长发育等指标未被改变，但它们在食物的选择上出现了惊人的逆转。科研工作者投放苹果、玉米、花生甚至面包等食物之后，这些小家伙变得饥不择食，不再把桑叶当成唯一的选择，而是表现出"味盲"的反应。它们失去了对桑叶的专一取食属性，变为无差别取食。这样一来，事情变得清晰许多，GR66 很有可能是一个关键因子。科研团队进一步提出，GR66 可能是一个抑制元件，目标就是家蚕在非宿主植物上的进食行为，一旦该基因突变，相应的抑制作用消失，或许蚕食桑叶之谜就要解开了。

科学家并没有高兴太久，因为还有更多谜团等待他们揭晓。虽然知道了是什么基因决定家蚕食性这件事情，可是，能否培育出满足大规模饲养的家蚕新品种还是一个亟待解决的问题。虽然我们已经可以改变家蚕的食性，但是养蚕取丝会不会出现一些难以预料的问题，也是大家关注的一个焦点。

第 13 课

千杯不醉的梦想让线虫实现了？

很多人都有千杯不醉的梦想，特别是男孩子，如果可以在兄弟间比拼，在女生面前逞强，会感觉特别有面子。当然，在开始这次的故事之前，我需要特别提醒一句：为了身体健康，饮酒须适量。

人类对于酒类的热衷，在自然界中恐怕不会被大多数的生物所理解。不过，这不会阻碍人类借用其他生物进行尝试。究竟怎样才能培养出千杯不醉的能力呢？这一次，生物学家的帮手是线虫。提到线虫，大家有点蒙圈。不过，提到目前为大众所知的线虫——蛔虫，大家可能就不陌生了。事实上，线虫动物门是一个庞大的集合，记录在案的物种已突破 28,000 个。而这一数字还在增加中，因为其中很多还没有得到命名。线虫身体较小，常呈圆柱形，在陆地和海洋均有分布，哪怕在极端生存环境的南极和大洋中海沟里也都有被发现。有超过一半的线虫种类是寄生的。在科学研究中，常用的一种线虫是秀丽隐杆线虫。作为一种小型蠕虫，秀丽隐杆线虫在土壤层中生存，食物来源常常是更小型的生命体。

选好研究对象，科学家便开始进行改造工作。为了让线虫"喝不醉"，就要想办法让线虫对酒精不感知，或者感知不敏感。在生物体内，所有的感知行为都是通过相应的蛋白质完成的，因此，找到跟酒精相关的蛋白，或许就是解决问题的关键。不过，直接寻找恐怕行不通，毕竟科学家对于线虫的了解还不算深入。因此，这个时候就要借助来自人体的资料了。通过查阅前人的研究成果，科学家发现一个目标蛋白，而这是一种人体内常见的跟酒精相关的蛋白，是大脑感知酒精的分子通道。

找到一个目标蛋白后，科研工作者就开始尝试利用修改基因的方式来改造秀丽隐杆线虫的目标蛋白。修改完成后，科学家就想测试一下这个方式是否成功。最简单的办法就是给线虫"喝酒"。研究人员找来一个透明的培养皿，盛上酒精。

在前期的预实验中，生物学家发现，当把一只正常状态下的线虫放入含有酒精的培养皿一段时间后，线虫便会表现出醉的状态。虽然它没有开口讲话，但是动作说明了一切。当线虫醉醺醺的时候，它的主要反应是尾巴的摇动减少，爬行的速度逐渐变慢。于是，科研团队对相关基因进行编辑，进而关闭线虫内部跟酒精相关的目标蛋白分子通道。紧接着，神奇的一幕出现了：当把线虫再次放入盛满酒精的培养皿后，它完全不是个醉鬼了，而是表现得似乎没喝酒一样。这绝对是个惊奇的发现。对科学家而言，他们有一百种方法可以让线虫对酒精的敏感程度降至低点，但其中必然会引起线虫的身体反应。如果影响太大，导致线虫死亡，那就没有意义了。所以，如何以最小的代价完成这件事，才是生物学家思考的问题。基于这样的认识，他们才对这个发现欣喜若狂。当然，任何新发现到人身试验都是一段漫长的过程。不过，喝酒这样一个社会问题，值得科学家继续探索。

第14课

"不死怪"水熊虫是何方神圣?

论及生存能力,蟑螂可谓个中翘楚,饥饿、狭窄的生存空间等逆境都影响不到它。可还有一种更小的生物比蟑螂还厉害,它就是水熊虫。水熊虫是一种缓步生物,极其微小,体长约为1毫米,我们要借助显微镜才能更清晰地对它进行观察。之所以叫水熊虫,是因为显微照片显示,它的模样就像长了很多腿的小熊。别看它体形微不足道,但是它的强悍足以让人印象深刻。这种微小的生物很不容易死亡,因为它对几乎全部的测试条件都有抵抗作用。无论是高温、高压、低温、辐射还是真空环境,都不能让这个小家伙死亡。

水熊虫可以幸存的环境包括:−272℃的低温、巨大的海底压力,甚至在真空环境内也可以待上至少10天,而人类在相同的真空环境中,只能活几分钟而已。与此同时,水熊虫的躯体承受力也是强得惊人。例如,它们能够承受上百摄氏度的水蒸气,能承受的辐射剂量也比人类多出百倍。不过,虽然水熊虫可以承受这些极端生存环境,但是不代表它们喜欢这些生存环境。也就是说,它们不会主动进入这些环境,这一点跟嗜极生物不一样,后者喜欢极端环境。

水熊虫之所以可以对付诸多严酷的环境,秘诀之一就是"隐生之术"。当遭遇逆境时，水熊虫会把自己水份排干，把头和腿全部缩进去，通过调控代谢，使自己进入一个几乎生命停止的水平，看起来特别像刘慈欣笔下《三体》中的"三体星人"。例如，它可以脱水，让身体的含水量降至极低的水平，代谢速度放到最慢，进入深度假死状态。不过，不用担心水熊虫会一蹶不振，因为只要有水出现，它很快就能恢复到之前的状态。跟一般的冬眠不同，这种脱水式的冬眠可以持续10 年之久。

那么，水熊虫如此强悍的"续命"技巧究竟来自哪里呢？研究人员将其基因完成测序，以此作为突破点，希望找到它们生命力如此顽强的秘密。数据表明，水熊虫有 17.5% 的基因组是由外部遗传物质组成的，而大多数物种的基因组中，外部遗传物质的部分不会有如此大的比例。水熊虫具有 6000 个外源基因，大部分属于细菌。而绝大多数细菌具有耐受极端环境的能力，这或许阐释了水熊虫的强劲适应能力。在这种情况下，水熊虫怎样吸纳外部遗传物质呢？因为水熊虫缺水干化时，基因组会受到损害，研究人员猜测，当它吸收水分准备复苏，细胞在迅速维修自身损伤的 DNA 时，或许会把外部环境中的部分DNA 引入细胞中，并整合到自己的基因组中。

正因为水熊虫拥有与其他生物截然不同的众多抗逆特性，它也被视作地球上的"外星生命"。不过，作为生物中的极端生存大师，看似弱小的水熊虫，也诠释了生命的真谛——用顽强获取生命的精彩！

第 15 课

不起眼的蚯蚓如何成为这个世界的"助推器"？

　　每次雨过天晴，我们总会发现有蚯蚓孤零零地趴在潮湿的地面上。在众人的印象中，蚯蚓是一个柔弱的生命体，它很不起眼，却是大自然赠予人类的礼物。蚯蚓细小的身体蕴藏着无穷的力量，甚至让达尔文在临近生命终点时还投入心力研究，并把它写进自己最后一部著作中。那么，为什么蚯蚓值得如此重视？

　　蚯蚓属于环节动物门寡毛纲，有水生和陆生两类，世界各地均有分布。作为营穴居生活的生物，蚯蚓身体细长，体节众多，体重不足30克。由于高度适应地下生活，其身体结构也发生了巨大改变：只有基本的感光能力，通过表皮进行气体交换。蚯蚓看似卑微，但它的能力不容小觑。蚯蚓擅长松土。在达尔文的观察中，蚯蚓有能力改变一个区域的土质结构，甚至被称为"大自然的园丁"。蚯蚓可以把树叶分解成有机质，同时提取土壤细土，还可以将小石块分解（解剖蚯蚓时会在其消化道内找到小石粒），并将以上三者混合起来。通过它缓慢且不间断地松土、分解、加工、混合等一系列操作，土壤可以形成全新的土壤质。此外，它还能促进土壤的移动，与土壤微生物形成复杂的生态关系。通过上述方式，蚯蚓成为重塑土地的重要力量。

　　除了深刻地影响土壤生态系统外，蚯蚓自身还有不少优势。如蚯蚓还有药用价值。蚯蚓，俗称曲蟮，在中药理论中被称为地龙。关于蚯蚓的药用记载，可以追溯到16世纪的《本草纲目》，其中记载有蚯蚓的诸多药用功效。在传统医学实践中，关于蚯蚓入药，人们已经积累了相当多的经验。随着技术手段的提升，科学家已经实现了对蚯蚓体内各种有效成分的分离，并弄清楚了其作用机理。

　　在蚯蚓体内，各种酶类、胆碱、核酸等物质，都具有不同的功效，其中值得关注的是一种叫作蚓激酶的酶类。近年来，血栓疾病一直是医学研究的热点。以前，科研工作者从各种生物组织中提取溶栓酶，制成抗血栓药物。因为原料有限，此类药物售价昂贵；药效持续时间短。所以研究者希望找到来源丰富且效果显著的治疗血栓的新药。一个偶然的机会，他们发现蚓激酶具有突出的溶栓作用。不过，蚓激酶只能从一个特殊的蚯蚓杂交种中提取到。

　　纤维蛋白是支撑起血栓的重要结构，如果纤维蛋白过多，血液流经时细胞就会大量附着于此，形成斑块，堵塞血管，而纤维蛋白溶酶可以降解纤维蛋白。研究表明，蚓激酶具有双重功效，既可以自己溶解血栓，还可以激活纤维蛋白酶原，从而把纤维蛋白溶解成肽，以利于吸收。

　　虽然蚓激酶初步表现出溶栓的能力，但是关于蚓激酶的研究还需要进一步深入，以期未来可以扩展到临床应用。

　　尽管蚯蚓身形细弱，但是它在未来的作用不可估量，而且其作用可能不局限于地球。现在，科学家正在研究把蚯蚓带到飞船上，让它完成松土、分解粪便、吞食微生物等工作，并为植物的生长提供优质的环境。相信在未来的太空旅行中，蚯蚓可能是一个重要的组成。

第 16 课

把涡虫切 100 刀会怎样？

　　涡虫的身体扁平，就像一片被压平的树叶。事实上，它的身体还没有一粒苹果种子大。不过，其貌不扬的涡虫小小的身体里却蕴藏着大大的能量，只因它拥有令人类惊艳不已的能力——再生。所谓再生，就是整个生物体或器官由于受创而局部缺失，在余下部分的基础上又重新长出缺失的部分，而且结构和功能与之前相同，这个复杂的生物学过程被称为再生。通常，越是原始的动物，再生能力越强。涡虫恰好是这种类型的生物。作为一个古老物种，它的生命历程已经超过 5.2 亿年。

　　涡虫逆天的再生本领体现在极性再生。如果一条涡虫被一次横向切割，那么在没有外部环境影响的情况下，会产生一个头部片段和一个尾端片段。之后经过再生，头部片段会长出相应的尾端，同时，尾端片段也会再生出自己的头部。这样的再生方式，保证了靠近头部一端会长出头部片段，靠近尾端会长出尾部片段，从而不会出现"乱头乱尾"的紊乱现象。

　　此外，涡虫的再生本领强悍到可以忽略切的方式。不管是横向、纵向还是斜向切割，都不会影响它的重生。即便将一些重要的系统和组织切掉，比如依次切掉肌肉、皮肤、肠道和生殖系统，涡虫的再生都完全不受影响。就算将涡虫的脑袋也去掉，它依旧可以活蹦乱跳地出现在你眼前。

既然切下任何组织块都可以复原，那么问题也来了：满足涡虫再生需要的最小组织块是多大呢？为了解开这个疑惑，生物学家进行了验证，最终发现，这一数字为1/279的虫体。

既然涡虫的再生本领特别强大，那么，这一过程究竟需要多长时间呢？经过反复测算，生物学家发现，如果让损伤的肌肉、皮肤、肠道，甚至整个大脑重新长出，总共只需要一周的时间，可以说非常迅速了。

当然，生物学家并没有停留在表面的观察上，他们迫切地想知道，涡虫体内究竟发生了什么变化，让它产生这种魔力。

很快，科学家找到了探索重点，一种叫作成肌细胞的非特异性干细胞在涡虫再生的过程中发挥了关键作用。根据观察和统计，这类干细胞以弥散性的特征散布在涡虫身体内部，约占总体细胞数目的30%。这种干细胞就是涡虫拥有强悍再生本领的重要因素。体内拥有这种干细胞，就可以参与增殖和分化，从而维护甚至代替损伤的器官。未来，如果人类想要了解自身损伤后的细胞、组织和器官怎样调节再生，那么涡虫将是一个理想的研究对象，因为它体型不大，繁殖迅速，适宜大批量饲养。尤其关键的是，涡虫的基因组成有超过80%与人类同源，因此，研究者可以从基因的层面了解涡虫怎样协同调控再生。通过研究这个合适的模式生物，我们可以搞清楚再生和长寿是如何实现的，从而为促进人类健康做出贡献。

第 17 课

蜘蛛 "哺乳" 靠不靠谱?

从古至今, 在各种文学著作和影视作品中, 有很多歌颂母亲的。毫无疑问, 母亲对于一个人的成长实在是太重要了。不仅人类社会需要母亲, 放眼整个自然界, 都是一样的。而其中一个比较关键的特征就是母子的哺乳行为。提到哺乳行为, 很多人会想到哺乳动物, 而这也是进行物种区分的一个很重要的因素。

哺乳动物通过乳腺分泌乳汁, 从而哺育后代, 这一行为是相当独特且显著的。也许有人会提出, 鸟类也有这样的行为。事实上, 鸟类的这种行为更多的只是一种模仿, 并没有超越哺乳动物的行为。比如鸽子会 "哺乳", 但它并没有乳腺。那世界上是不是除了哺乳动物, 就没有其他动物可以进行这种长期哺乳的行为呢? "世界之大, 无奇不有" 这句话再一次得到了印证。由中国科学家发现的一种身长不足一厘米的小蜘蛛, 虽然体型小, 但是它们的存在打破了这一从未被其他物种占据的领域。到目前为止, 这种小蜘蛛是首例除了哺乳动物以外, 可以长期 "分泌乳汁" 养育后代的无脊椎动物。

让我们看一下这种蜘蛛的庐山真面目。它叫大蚁蛛, 在广东地区多有出现。事实上, 人们并没有把它当作蜘蛛, 而是把它当作一种蚂蚁。那么，随之就产生了一个疑问，科学家是怎么发现这种现象的？首先，他们观察到了大蚁蛛一个非常特殊的出生场景。即在后代出生后的20多天里，它们并没有离开巢穴，同时，母亲也没有从外面带回任何食物，可是其后代的体型增大了4倍有余。这是怎么发生的呢？

研究者进一步观察发现，大蚁蛛的后代会聚拢在母亲腹部。而这一场景就像很多哺乳动物的后代会靠在母亲的肚子上喝奶一样。科学家检查发现，原来，在大蚁蛛母亲的腹中有一条生殖沟，从里面能够分泌一种类似于乳汁的液体，幼体就是通过吸食这种液体把身体养大的。科学家进一步分析了这种液体的组成，发现主要成分是蛋白质、糖类和脂肪，其中糖类和脂肪的含量比普通牛奶低，但是蛋白质的含量却足足高了4倍。不得不说，这还真是一种高蛋白质的饮品。

这一自然案例，在一定程度上刷新了人们的认知。从此，哺乳动物不再独享哺乳这一专利，其他物种甚至更多科学家还没有找到的物种，也可能拥有这一项特殊技能。这将促使科学家进一步寻找进化的意义。

第 18 课

如果蜜蜂灭绝，人类只能活四年？

"如果蜜蜂灭绝，人类最多活 4 年。"这一言论借助著名物理学家爱因斯坦之口传播已久。实际上，并不存在明确证据说明爱因斯坦曾经有过以上说法。抛开这个不谈，仅就这句话而言，其背后的逻辑在于，假如蜜蜂灭绝，那么就不存在蜜蜂授粉，也就不存在植物，从而动物消失，人类也就危险了。

在这种情况下，蜜蜂灭绝真的会成为人类消失链条的第一环吗？在悠久的进化历程中，蜜蜂和人类确实建立起了非常亲密的联系。在部分风媒作物之外，全世界差不多 30% 的种植作物都需要昆虫参与授粉。假如负责授粉的蝴蝶、飞蛾等物种灭绝，一些地方可能会处于产量降低的危险境地，因此，饥荒问题在激增的人口基数面前会不断放大。那么，蜜蜂的作用有多大呢？以蜜蜂个体为例，一只蜜蜂完成传粉后，可以黏住数十万粒花粉。数据表明，有蜜蜂授粉的农作物，其产量普遍获得提升，而且伴随蜜蜂授粉的加入，人们也在一定程度上减少了植物激素的使用，因此，蜜蜂在农作物产量、质量和食品安全方面可谓发挥了巨大的作用。

不过，有一个现象值得注意，那就是蜜蜂真的减少了。数据表明，最近 10 年，中国的蜜蜂已经减少 10% 左右。而这也是全球现象的一个缩影。据估计，美国的野生蜂群数量每年减少 30% 左右。同样的情况也发生在欧洲，至少有 20% 的蜜蜂在欧洲死亡。南美区域也相似。由于世界各地蜜蜂大量死亡，科研工作者用一个叫作蜜蜂蜂群衰竭失调的学术名词来表示蜜蜂群体中众多蜜蜂的死亡。

面对蜜蜂的离奇死亡，研究人员开始探索为什么会出现这种情况。研究结果显示，并不是单一因素导致这种现象的发生，包括农药化肥的使用、电磁辐射的干扰、环境气候发生巨大变化等，都是"疑凶"。例如一种叫作吡虫啉的杀虫剂，会干扰蜜蜂辨析方向的能力，引起神经系统的失调；到处存在的电磁辐射也会破坏蜜蜂本身非常精巧的定位导航系统，让它们找不到回家的路；由于空气受到污染，花香气味容易分解，因此花香传播范围有限。闻不到花香，蜜蜂就找不到蜜源，农作物也就没有蜜蜂来进行授粉，从而进入了一个恶性循环。

面对这一不利情况，全世界掀起了拯救蜜蜂的行动，如成立蜜蜂保护区，不允许对蜜蜂造成伤害的农药在市场售卖等。还有科学家利用机械力量在研究"机器蜜蜂"，试图替代蜜蜂完成授粉功能。总而言之，人类在通过各种方式，试图应对未来可能出现的"蜜蜂危机"。

因此，关于这个说法，虽然有些极端，但也从一定角度说明蜜蜂的独特地位。事实上，蜜蜂看似微不足道，但它在生物关系中起着非常重要的作用。对人类而言，不仅需要对蜜蜂进行拯救，保持生物多样性才是长期的重任。

第 19 课

蚊子专叮你是 "天赐良缘"？

　　夏天来临，我们耳边就会响起熟悉的嗡嗡嗡声。很多人感觉自己总被叮，因此跟蚊子可能有一种特别的 "缘分"。不过，可气的是，居住在同一个房间，有一些人却不招蚊子。那么，蚊子选择叮咬对象的标准是什么呢？

　　人们的第一反应是血型。不过，蚊子真有那么厉害，能分辨人的血型吗？当然不会。事实上，不管什么血型，蚊子 "照单全收"。不过，蚊子选择叮咬对象也的确有自己的偏好，只是血型不在这种选择标准之列。

　　经过一番研究，科学家发现，有些人之所以深受蚊子的喜爱，更主要的原因是，这些人会产生相对强烈的生物信号。

　　这里面的生物信号包括人体排出的二氧化碳、运动出汗或新陈代谢产生的物质，如乳酸、体温等。其中呼气产生的二氧化碳被蚊子当作寻找目标的关键线索之一。蚊子拥有一个叫作下颚须的器官，通过这个嗅觉器官来寻找目标。别看蚊子体长不过 1 厘米，但是它的搜索能力很强。在 50 米左右的距离内，只要人类呼出二氧化碳，蚊子就可以轻而易举地追踪到目标。

当然，嗅觉不是唯一决定因素，千万不要忽略视觉在其中的重要作用。蚊子是一种弱光性昆虫。也就是说，蚊子畏惧光的同时，也不爱好太阴暗的环境，只有弱光环境才是它们的最爱。因此，穿衣打扮也会对蚊子的选择产生影响。深色衣服是蚊子的最爱，因为其白天反射的光线较暗。与此同时，触角里的受热体结构决定了蚊子能够敏锐地捕捉到温度的变化，这就是说蚊子喜欢体温高的人。相比之下，深色衣服吸收热量的水平更强，加上散热能力不足，导致体温上升，也能对蚊子产生吸引力。

另外，汗腺分泌物也会对蚊子产生吸引力，其中乳酸是吸引蚊子的关键。科学家找到一种基因——Ir8a，这种基因表达在蚊子的触角里。当缺乏这种基因时，蚊子对人类的兴趣大大减少。了解了这种机制，就明白了当人流汗后，身体表面的乳酸含量会升高，从而把蚊子吸引过来。此外，高强度运动流汗不仅会提升乳酸积累，也会释放大量热量，这时人更易受到蚊子的"青睐"。根据这些生物信号，拥有这些特质的人，就可能会成为蚊子叮咬的对象。除了之前提到的汗腺发达、体温较高、喜欢穿深色衣服的人外，还包括孕妇和饮酒的人，也是蚊子的目标。

因此，总结起来，蚊子锁定吸血对象会经过三个步骤：第一，在10~50米距离内，蚊子主要依赖嗅觉器官，以二氧化碳为主；第二，当气味把蚊子招引过来，蚊子很快会飞往视觉锁定的对象，视觉距离在5~15米；第三，到达距离目标1米的范围内，根据人体扩散的热量，蚊子最后锁定吸血目标。通过这三重锁定，蚊子让人类"无处可逃"。

小小的蚊子在吸血之前，竟然做了这么多准备工作。看来血型"背锅"实在有些"冤"，太多因素在蚊子面前"出卖"了我们。

第 20 课

还有比果蝇睡得少的生物吗？

相信很多人羡慕那些睡觉少还精力旺盛的人，特别是想到自己常常一觉睡到中午，感觉浪费了很多学习和玩耍的时间。事实上，良好的夜间睡眠是所有哺乳动物生命中不可或缺的。不过，睡觉少不代表不睡觉。目前，科学家还没有在自然界中找到一种真正不睡觉的动物。他们一度认为昆虫不需要睡眠，不过，现在这种想法需要改变了。有一些动物无限接近这种可能性，这类动物被称作短睡眠者，其中的代表是果蝇。

在研究睡眠状态方面，科研人员经常使用的方法是，靠检测脑电波信号来判断动物是否处于睡眠中。不过，检测果蝇的睡眠状态并不容易，因为果蝇的大脑小到无法进行检测。于是，研究人员拍摄下果蝇休息期间的全部过程，以此来观察它的行为。结果发现，当果蝇准备睡觉时，会缓慢爬行到休眠地点，然后保持睡眠姿势，即面部朝下，萎靡不振。除了腿和吮吸器有微弱抖动外，基本保持一种静止的状态，它在夜间的睡眠能够持续数个小时。如果要确定果蝇是否入睡，需要视觉、红外和超声活动监测设备来详细记录果蝇的睡眠行为。例如，当果蝇保持静止多于 5 分钟或更久时间，且对一定的外界刺激没有表现出明显的反应。

围绕果蝇的睡觉习惯，科学家进行了一系列的实验和数据统计。实验数据表明，在睡眠未被打扰的情况下，6% 的雌果蝇每天睡眠时长在 1 个小时左右，而大部分果蝇的平均睡眠时长为 5 个小时，其中最牛的一只雌果蝇甚至平均每天只睡 4 分钟！在动物界，还没发现个体睡眠时间存在如此惊人的差异，也没遇见过其他动物在不影响生存的条件下，睡眠时长居然如此短暂。

果蝇的睡眠模式与哺乳动物有诸多相近的地方，譬如，在一天的睡眠中，保持比较长的时间区段、睡眠随神经活动变化并与脑的基因表达有关，而且单一基因突变能产生特短睡眠表型。另一个和哺乳动物惊人相似的地方是，年轻的果蝇比老年果蝇需要更多的睡眠。老年果蝇的睡眠减少，并且呈现片段化。

接下来，研究人员进行了一个经典的"睡眠剥夺实验"。关于这个实验，可以追溯到 19 世纪 90 年代。当时，俄国的女医生进行了一个有些残忍的实验。她让幼犬一直醒着，结果，被剥夺睡眠几天后，幼犬就死了。这个实验在啮齿动物和蟑螂等其他动物中都进行过，同样出现了致命后果。现在，研究人员把这个实验放到果蝇身上。他们剥夺了这些果蝇 96% 的睡眠时间，结果却出人意料，这些果蝇并没有像俄国幼犬那样过早死亡。这些几乎不睡觉的果蝇的寿命与正常睡眠的果蝇一样长。

那么，未来会不会找到根本不睡觉的动物呢？套用一句广告语：一切皆有可能。不过，更有可能的是，就算是超级短睡者，也需要最低限度的睡眠。

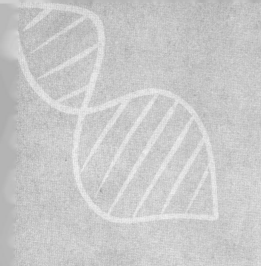

第 4 章

微生物
显微镜下的世界

第1课

细菌也能"用爱发电"?

看到"细菌"这两个字，很多人都会微蹙眉头，毕竟从小被灌输的理念是"保持健康，远离细菌"，生怕细菌带来麻烦。不过，人类一直在努力改造这些看似可怕的细菌，其中之一就是让细菌发电！

发电方式有多种，如火力发电、风力发电，还有核能发电等，听上去发电是一项浩大工程。可如果说小小的细菌也能发电，你会不会感觉不可思议呢？

回顾历史，地球上首个由细菌为主体构造的电池可追溯到1910年。当时的研究者发现，某些细菌的培养溶液可以生成电流，因此，他们将铂当作电极，置入大肠杆菌或者普通酵母菌的培养液里，成功构造出世界上第一个"细菌电池"。这一发现让众多科学家大吃一惊。那么，大肠杆菌真的可以发电吗？为了证实这个结论，科学家进行了反复验证，结果表明，确实可以发电。但考虑到"细菌电池"所释放的电量比较小，实用价值不大，就没有进一步推广。

虽然首个细菌电池没有大获成功，但是这一难得的发现给大家带来了崭新的思路，于是很多人沿着这一思路探索下去。1984年，研究者构造了一种全新的细菌电池，并且放到太空飞船上进行试验。原材料非常简单：宇航员的尿液和活细菌。然而这种新式细菌电池的放电率仍旧很低。到 20 世纪 80 年代末，细菌发电技术取得比较重要的突破：通过细菌分解糖液中的物质，产生的电子向阳极运动制造电能。要想让细菌持续发电，需要不断向电池里添加糖液和注入氧气。为了提升运输电子的水平，还可以往糖液中增添芳香族化合物作为稀释剂，例如各种染料，从而大大提高细菌的发电能力。这种电流能保持好几个月不断。了解到细菌发电原理后，建立细菌发电站就照进了现实。在农业上，有很多废弃的有机物原料，如秸秆，可以被用来发电。这是一种绿色环保的发电模式，将细菌发电的前景推向一个光明的未来。

科学家开始研究各类发电方式，包括从土壤中分离出的一种高效"发电细菌"，可以把从土壤中吸收到的 83% 的糖分转化为电能；从死海中分离出的一种嗜盐杆菌，可以将光能转化为化学能，再通过其体内紫色素的作用产生电能。除此之外，还有人创造性地进行了发电方式的结合，例如将两种细菌加入某种专门的电池液体中，一种细菌吸收糖浆，从而生成醋酸和有机酸，另一种细菌负责把产生的酸类转化为氢气，最终由氢气参与磷酸燃料而使电池发电。不仅菌类之间可以协同发电，菌类和其他生物也能合作发电。有人把海藻和发电细菌放到电池液中，海藻利用光合作用生成有机物，再由发电细菌分解这些有机物来发电。

之所以考虑让细菌发电，主要是细菌发电更节省能源，同时更环保。未来，细菌发电技术有可能走出实验室，成为能源界的"新星"，为人类社会增"光"添彩。

第 2 课

人体存在这么多细菌，为什么不易生病？

提到细菌，人们往往谈之色变，仿佛细菌天生就跟病联系在一起。显然，这是错误的认识。经过半个世纪的研究，科学家发现，细菌可以造福人类。

众所周知，正常的人体内存在着微生物群落，群落内有很多细菌。人体不是一座"孤岛"，它更像一个庞大的生态系统。不过，这些细菌并不是在人诞生之初就存在的。胎儿在子宫内处于无菌状态，但出生后，细菌就随着人的第一口呼吸、第一口进食进入体内并安营扎寨。这些细菌与人体充分接触与磨合，逐渐形成稳定的共生细菌群落，并将与人相伴一生。

大量的微生物生存在我们体内，其中皮肤、口腔、肠道等部位是它们的主要寄生场所。不要小看细菌群落，其中一些群落由微生物和自身的遗传物质组成。这些群体不仅不会威胁人类的身体健康，反而对人体有益，例如在消化吸收、防御病害等方面。其中，肠道菌群更是医学、微生物学等领域备受关注的研究重点。

那么，体内细菌有多少种？以肠道菌群为例，通常会分为三种：第一种是共生菌群，像双歧杆菌、乳酸杆菌等，数量庞大是其重要特征之一，99% 以上为肠道菌。这些菌群能够帮助人类消化食物、保护肠道等。第二种是条件致病菌群，像肠球菌、肠杆菌等。虽然它们数量不多，却是肠道内的"定时炸弹"。当共生菌群占优时，条件致病菌群就会"安分守己"，肠道也会保持健康状态；一旦肠道出现问题，例如共生菌群被破坏，条件致病菌群就可能"兴风作浪"，引发多种肠道疾病。第三种是致病菌群，像致病大肠杆菌、沙门氏菌等，它们不属于肠道，因此，一旦不小心吸入肠道，就可能导致腹泻、食物中毒等症状。

在漫长的研究过程中，有害病菌得到了人们更多的关注，人们在一定程度上忽略了那些有益的细菌。这些有益细菌与人相伴一生，是身体不可或缺的一部分，也是维持人体健康的重要"助手"。不过，即便是有益细菌，一旦出现在不适当的部位并井喷式增加，也会导致严重疾病，例如，细菌进入血液，会引起败血症。随着当代人们生活方式的变化，人类与微生物世界的联系随之而变，在努力让自己远离病原体的同时，也更该建立与有益微生物的联系。在不断作用的过程中，我相信会有新的联系建立，人类与细菌也将写下新的共生篇章。

第 3 课

"夫妻相"来源于接吻？肠道菌群笑而不语！

如果留意身边生活多年的夫妻，就会发现一个有趣的现象，那就是他们的眉目、神色颇有几分相似，而且共同生活时间越长，效果就越明显。这就是所谓的"夫妻相"。夫妻相不仅体现在外表，生活习惯方面也趋同。那为何会出现这种情况呢？原因是多方面的。首先，相貌或者脸部形态，主要由基因遗传调控。现实生活中，男女在挑选另一半时，根据自己的相貌取向，可能会挑选与自身存在相似点的人，这是"夫妻相"的先天基础。其次，后天因素对相貌的改变也有重要影响，不可忽略的因素是，长期共同生活具有潜移默化的作用。

两个生活习惯迥然不同的个体要在一起生活，必然会经历众多碰撞，慢慢地，从作息到食谱，再到生活习惯，都日趋同步。经过时间的沉淀，两个人在仪容仪表、生活习惯及日常行为方面，都有慢慢同化的趋势，再加上内分泌的影响，最终反映在外貌上，甚至一颦一笑都有夫妻相。

科学家针对这种现象提出了更惊人的解释，那就是肠道菌群或许起到了不小作用。在人体的胃肠道内，生存着各种各样的微生物。众多种类的微生物被统称为肠道菌群。肠道菌群逐渐成为兴起的概念，因为它们的影响力体现在人类生活的方方面面。由于肠道菌群经过调和已经形成相对稳定的组合比例，因此，通过彼此制约、相互依存会形成一种生态平衡。当这种平衡遭到破坏时，可能会产生一些问题，很多疾病跟肠道菌群密切相关。另外，也有研究发现，肠道菌群可以影响人的情绪和性格。

夫妻间最初的肠道菌群生态差异明显，随着一起生活，彼此间的肠道菌群会日趋相近。随着不断融合，肠道菌群也会对夫妻双方的情绪、性格等带来影响，从而导致夫妇在诸多方面趋同，某种程度上就会形成人们常说的夫妻相。进化机制对面貌的影响较为缓慢，而肠道菌群在短时间内则可奏效，并能很快对宿主产生影响。

夫妻相来源于接吻的这种说法，虽然有一定依据，但是并不绝对。接吻会让夫妻之间大量交流口腔微生物群落，循序渐进地让肠道菌群发生改变，从而对夫妻相的出现提供一定的帮助。尽管如此，接吻也不是决定性的影响因素。我们需要进一步了解的是，保持有益的肠道菌群对于健康非常必要，因此，重视肠道菌群需要被提上日程。

细菌居然是环保大使?

日常生活中,普通塑料袋实和又方便。作为一种不溶于水的复杂聚合物,由于众多分子链的存在,塑料会非常结实耐用。这种情况我们可以想象:手里的一把筷子,比一根筷子的强度更大。

正因如此,随手丢弃的塑料袋需要相当长的时间进行分解,状况严重时,可导致白色污染。除了不要乱丢外,更重要的是要找到科学便捷的方法对塑料袋进行降解处理,比如寻找能将塑料分解成较小可溶物的方法。一旦分解成功,这些可溶物还能被回收,为新的塑料提供原料。除了传统的化学分解,生物学家也提出了他们的方法——把细菌作为生态系统中的分解者,解决塑料污染问题。

不过,不是所有微生物都可以攻击塑料成分。为了寻找能担负这项任务的菌种,科学家测试了不同的细菌,观察并记录了每一种细菌对塑料的分解效果。他们的付出没有白费,他们发现了一种叫作 *Ideonella sakaiensis* 201–F6 的菌,可以消化塑料,并且消化的对象正是用于制造一次性饮料瓶的 PET(聚对苯二甲酸乙二醇酯)。这是一种能够在一定程度上抵抗生物降解的物质。曾有记录表明,大量塑料垃圾堆放超过 70 年也很难分解,而这种细菌恰恰能把 PET 当作"能量源"。

生物学家进一步发现，这种菌通过分泌相应的酶发挥消化作用。酶是一种可以加速化学反应的蛋白质，在体内新陈代谢中发挥着极其重要的作用。在 30℃的温度条件下，这种菌一个多月时间就能完全分解 PET 薄膜。经过 PET 酶的处理，这些聚合物的大分子不见了，取而代之的是众多小分子物质。这些分子是能够被细菌吸收的。细菌"吃塑料"利人利己，一方面消除塑料垃圾，另一方面它可以从中获取碳，作为食物来源。

　　当然，这不是人类第一次发现能够消化 PET 的细菌和酶，问题是，之前的发现中，可以消化 PET 的细菌酶都是以极慢的速度完成消化的。如果和其他细菌的酶类进行对比，新发现的酶类在吞噬塑料方面具有更为突出的功能，好像就是专门做这项工作的。这种更高效的处理方式，有可能被用于生物循环。

未来的硬盘可能是细菌做的?

过去一百年间，数据的存储方式有了翻天覆地的变化，从磁带、软盘，逐渐发展到精密半导体存储芯片。在人类漫长的发展史上，科学家一直在探索不同的存储介质，毕竟未来是一个信息爆炸的时代，希望能够找到更便宜、更大容量的存储介质。这个时候，DNA 存储的概念就被引入了。这不是一个崭新的概念，因为在半个多世纪前就有人提过。当时，运用 DNA 存储信息是一个超前想法，但受制于分子生物学发展刚刚起步，很多想法只能停留在概念中。不过，近十年，分子生物学有了深远的发展，人们开始重新审视 DNA 存储。

通过腺嘌呤（A）、鸟嘌呤（G）、胞嘧啶（C）和胸腺嘧啶（T）四种碱基不同的排列组合，再加上细胞的读取方式，生物体丰富的遗传信息就这样被高效地储存下来。既然遗传信息能够被留存下来，那么，思路可以迁移到其他方面。事实上，这种推想完全可行。我们来举例说明一下，单位质量的 DNA 可存储 455EB 的信息，这是全球一年信息总量的四分之一；而单位体积的 DNA 可存储的信息为整个互联网的33 倍。显然，DNA 可以作为一种稳定且密集的数据存储介质。它的潜在优势是密度大、能耗低，且寿命长。试想一下，如果能够实现 DNA

存储数据设想，这对信息的收集和整理大有裨益。

于是，生物学家开始尝试。第一件事是确定转换规则，给四种碱基赋予数字概念，从而把碱基当作数字信息，把DNA当作储存手段，即把数字化的信息转变成碱基表示的方法。举个例子，如果用二进制来代表，把A和G看作0，C和T看作1，那么排列后可以组成任何信息，是不是非常简单？不过，这只是早期的DNA存储样子，后来，人们采用四进制的模式，即把A、T、C、G看作0、1、2、3。这种方式的好处是可以缩小数据量。不过，随之而来的一种状况是相同碱基重复出现，导致序列稳定性变差，对数据的精确再现造成破坏。针对这一情况，生物学家采用三进制手段，逻辑要点在于前一位碱基是后一位碱基的决定条件。假如前一位碱基是A，那么下一位就把A排除，用C、G、T来代表0、1、2，依此类推。

解决了碱基对应问题后，生物学家开始释放天性，把各种数据导入DNA中。最早是来自哈佛大学的研究者，他们把一本书的电子数据编辑成DNA形式，从而开启了一个不断尝试的历程。除了书，科学家还开展了其他数据的录入工作。

那么，这项技术到底有什么用呢？如果从实用的角度看，虽然比50年前有了长足的进步，但距离在活细胞基因组中存储信息，还是略显遥远。但这都是生物学家接下来要做的工作，一方面因为DNA存储具备足够的潜力，另一方面因为信息爆炸的紧迫性。毕竟，未来能用的好东西都是在当下不断地尝试中诞生的。为了未来，所有的尝试都是值得的。或许有一天，抽屉里的移动硬盘会被换成一个瓶装DNA，只要敢想、敢做，没有什么不可能！

第6课

细菌是如何"口吐珍珠"的?

　　珍珠耀眼美丽,是很多人、特别是女孩子的心头挚爱。围绕珍珠,有许多传说故事。不过,抛开历史缘故,从生物的角度来说,它来源于大江大河,是珍珠蚌的分泌物。

　　这个过程是如何实现的呢?当蚌进食时,如果有异物进入体内,那么蚌是没有办法将异物排出的,它只能采取另一种方式来处理——分泌碳酸钙,包裹异物。积累时日后,珍珠便形成了。因此,通过这种方式形成的珍珠,其主要是由碳酸钙和氨基酸构成的珍珠质。

　　渔民会潜入江河或海洋采集珍珠,发展到后来,还产生了人工珍珠养殖业,现在该行业又出现了新的契机:科学家发现,细菌也能产珍珠。

　　珍珠的主要成分是珍珠质,而珍珠质包含碳酸钙和少量氨基酸,那么把这些成分组合在一起,是不是就可以制造出珍珠了呢?于是,科学家开始在实验室尝试。

　　科学家需要准备的菌种有两种:巴斯德氏菌和地衣芽孢杆菌,物质有尿素、钙离子溶液,材料是一张塑料或玻璃薄片。具体操作步骤如下:将塑料或玻璃薄片用地衣芽孢杆菌进行涂布,然后把它浸入放有尿素的钙离子溶液中，而在放入地衣芽孢杆菌之前，溶液中已经放入巴斯德氏菌。整个流程是这样进行的：巴斯德氏菌的功能是将尿素分解，分解完成后与钙离子结合，形成碳酸钙结晶。玻璃薄片上的地衣芽孢杆菌用来形成负电荷，从而将碳酸钙结晶在附近持续堆叠层积。经过测算，在一天时间内，这套装置就可以形成一层大约五微米厚的珍珠质层。这个效率可比人力养殖蚌类生产珍珠高太多了，因为前期从养蚌到产珠，所需的时间为 2~3 年，而且珍珠蚌一天产生的珍珠质层厚度只有 1.5 微米，远远比不上细菌的生产能力。通过这样的比较可以看出，细菌产珠的速度比人工养蚌产珠快多了，而且还节约成本。

细菌产珠的好处不只如此。由细菌分泌的珍珠质层的坚硬程度比大部分塑料更佳，而且还具备非凡的韧度和延展能力。由此可见，细菌产的珍珠质层能够被改造成越来越多的形状，在更多的行业得到应用。例如，利用珍珠质可以制作人造骨骼或辅助支架，由于二者成分相近，更容易被人体接受，而且植入的支架也无须通过二次手术取出。另一个理想中的使用场景是在月球上建造房屋，因为原材料是现成的。月球尘埃中含有大量的钙元素，加上人们已经可以用低廉的成本合成尿素，只要配上一些细菌，就能生产一砖一瓦了。当然，这是一个美好的愿景，要实现它，科学家还有很多的问题要解决。如何提高细菌的工作效率是重中之重，相信通过科学家的努力，这一天会早日到来。

第7课

细菌也会得传染病?

细菌能让人感染得病,是人类的心头大患。那么,有没有什么生物能让细菌感染呢? 大自然给出的答案从没让人失望过,并且一次给出了多个答案。答案之一是:噬菌体就能做到。噬菌体是能够感染细菌、真菌、放线菌等微生物的病毒总称。当噬菌体侵染细菌后,能造成宿主菌的裂解,并且利用细菌将自己"养肥壮大",从而释放出来感染其他细菌。

病毒能做到这件事,细菌居然也可以。有一类生物叫作蛭弧菌类生物,它们属于原核生物界。令人惊奇的是,它们的食性相当专一,一旦细菌成为它们的宿主,那么营养源只会来自这个宿主。蛭弧菌类生物普遍存在于土壤、污水、动物肠道等环境中。从自然环境剥离得到的野生蛭弧菌类生物,大多是寄生型的,一定要与宿主菌一起培养才能存活。目前,对于蛭弧菌类生物的划分标准还不明确,所有拥有这种寄生生活方式和形态特征的细菌,都被归为蛭弧菌属。

追溯历史,科学家发现,这类细菌属于"无心插柳"的行为,本来他们想要分离的是丁香假单胞菌中的噬菌体,结果偶然得到一种寄生型细菌,它们可以裂解丁香假单胞菌。从这个角度上看,它们跟噬菌体有类似的功能。直到后来，科学家又在土壤及污水中再次分离到这种细菌，才开始对其进行仔细研究，并把当时已知的这类型菌株划为一个新的属——蛭弧菌属。

作为一种可以寄生在细菌体内的细菌，蛭弧菌类生物有进入细菌体内的能力，进入后先完成自身的生长发育，随后不断分裂增殖，直到将宿主菌裂解，放出大量子代细胞，感染更多的细菌。由于蛭弧菌类生物含有编码各种酶的基因组，因此，当蛭弧菌类生物进攻时，蛋白酶是它们的得力武器。通过分泌大量的蛋白酶，可以对致病菌进行裂解。此外，还有一种思路，降解酶过去被当作一种进入宿主菌的武器，如今被认为可能具有一种新的功能：可以辅助锚定宿主菌细胞壁的位置。关于蛭弧菌类生物的噬菌机制和生存机制，科学家还在进一步探索中。

利用蛭弧菌类生物吞噬细菌的特征，可以研发能够杀菌的"活抗生素"。蛭弧菌类生物可以用在农业的疾病防治方面，例如，利用蛭弧菌类生物，可以成功防治水稻黄单胞菌导致的水稻白枯病等。由于蛭弧菌类生物可以去除沙门氏菌，因此，对于受到严重污染的水源具备良好的净水作用。在人体治疗方面，研究人员也有不少实例应用，比如针对烧伤伤口和肺部囊肿性纤维化，患者可以吸入含蛭弧菌类生物的喷雾剂，进行针对性的治疗，此外，还可以防止泌尿系统的感染。在养殖业上，蛭弧菌类生物是鸡肠道自然菌群的一部分。保证质量和浓度的蛭弧菌类生物，可以有效保障寄主黏膜上皮不被革兰阴性菌侵袭，因此，对动物生存起到保护作用。

从多种角度看，蛭弧菌类生物有着作为益生菌的潜在价值。随着对蛭弧菌类生物科学研究的不断深入，相信未来蛭弧菌类生物可以在诸多方面得到更广泛的应用。

第8课

为什么细菌会成为"药物工厂"?

越来越多的研究发现,细菌是个大宝库。看似不起眼,却能在很多方面给人类带来实实在在的帮助,即使在药物生产方面,细菌也能大显身手。这是怎么一回事呢?

在自然界中,蘑菇是一种重要的生物。有一种蘑菇叫作裸盖菇,它有细长的茎部和圆顶的帽子,很多人会把它当作变白的茶树菇。不过,千万不要出于好奇去尝,因为裸盖菇含有大量毒性物质。这种毒性物质叫作裸盖菇素,这是一种拥有致幻作用的神经毒素。在一些国家,有胆大的年轻人会用这种毒素寻找刺激。不过,长期或者大剂量食用,会引起身体中毒。除了会造成精神恍惚外,裸盖菇素最引人关注的一点是它在医治部分精神疾病上有积极功效,包括重度抑郁症和创伤后应激障碍等。考虑到裸盖菇素的潜在治疗效果,要想把它变成药品送进药店,怎样大规模培育并且获取裸盖菇素是亟待解决的问题。

直接从裸盖菇中获取,费时又费力。研究人员把目光投向了细菌。事实上,这不是细菌第一次被用来生产药物了,像胰岛素等已经在细菌的帮助下完成了批量生产。不过,随便抓些细菌来肯定不合适,因此,要想大量获得所需物质,就必须对细菌进行改造,也就是生产基因工程细菌。这一次，研究者选择的对象是大肠杆菌。之所以选择大肠杆菌作为表达的宿主，主要是人类已经知道其背后的遗传通路，容易上手操作，且能够大规模培养。综合这些因素，大肠杆菌是优秀的表达体系。

要完成这项工作，主要需要两个步骤：首先从裸盖菇中获取相应的 DNA，然后将可以产生裸盖菇素的部分植入大肠杆菌；其次是调节大肠杆菌的代谢方式，让细胞源源不断地产出裸盖菇素。这种手段类似于啤酒的制造原理，两者均要完成发酵过程。为了达到最好的效果，通常我们要培养多个可以产出裸盖菇素的菌株，然后进行一系列调整，包括对温度、培养基成分等环境条件的适应程度，以及由此而来的副作用，从而达到持续生产高浓度裸盖菇素的要求。

通过对大肠杆菌的重建，裸盖菇素的产量获得飞跃式的提升。跟裸盖菇自身的产量相比，在近两年的探索中，科研工作者可以将产量上升至百倍有余，因此，大肠杆菌生产的裸盖菇素具有被工业化生产的潜力，也就进一步可能成为治疗精神类疾病的药物。这只是众多利用细菌实现药物生产的例子中的一个。像大肠杆菌，还可以用来制造抗癌药品紫杉醇的前体。

之所以采用细菌辅助，是因为成本低廉、污染少。对于复杂分子的制造，包括药品在内，这是最有价值的方式。因为通过细菌体内的遗传和调控系统来生产价值产物，相当于将其转变为"微型药品工厂"。这种生物合成的方法逐渐显露出优势，也会在未来生物医药领域拥有一席之地。

第 9 课

超级细菌到底有多厉害?

　　超级细菌指的是一些对众多抗生素产生耐药性的细菌,其医学术语为多重耐药性细菌。随着抗生素的问世,耐药菌的问题变得越发严重,已经成为社会热点。目前,超级细菌成员逐渐增多,像耐甲氧西林金黄色葡萄球菌(MRSA)、耐万古霉素肠球菌(VRE)等已经进入新闻热点。无论新抗生素多么厉害,经过一段时间的对抗后,就会出现针对性的耐药性细菌。这种"你追我赶"现象的出现,通常与抗生素长期且广泛使用有关,一方面是滥用抗生素,另一方面是低水平使用抗生素剂量浓度。如果细菌不具备耐药性,就会被杀死,而剩下的细菌则因为具有耐药性而存活下来。

　　这些耐药性细菌从何而来?即造成耐药菌层出不穷的背后原因是什么?有一个原因不得不提,那就是细菌间的基因交换。追根溯源,抗生素耐药菌的出现,首先是自身变异形成的。基因存在变异现象,其中大多数变异或对细菌没有帮助,或对细菌造成伤害,只有极小比例的基因变异对细菌有益。一旦细菌很幸运地保存下这些基因,对于增强它自身的生存能力就具有正面作用。如果留存下来对提升细菌存活能力有帮助的基因是耐药性基因,那么该细菌就能抵挡抗生素,从而幸存下来。

　　不过，有人会提出疑问，自然界中基因突变的概率是非常低的，细菌又是如何产生耐药能力的呢？

　　尽管基因变异的概率非常低，但细菌生长的周期同样短暂，因此，在数个小时内，细菌个体就可能会导致数以千万计的基因发生变异，其中有少部分会对生存能力和适应性有助益，一旦幸运地保留下来少数几个变异，那么细菌就能够拥有某种耐药能力。

　　基因交换在细菌这样低级的生物间可以大规模完成，而且不限于共同种类之间。可以说，众多不同科属之间的细菌都可以完成基因交流。因此，细菌获取耐药性，不是由于基因变异产生的，而是大规模交流基因完成的，而这也是耐药性细菌最可怕的地方。不过，也只是细菌这样低等的生物才拥有如此广泛的基因交换，稍微高级一点的动物，对于外来基因都不会轻易接收。由此推想，一旦耐药性基因在细菌间存在，它可以再次通过基因交换，将这种耐药性基因向更广泛的细菌群体进行扩散，如同人类的流行性感冒一样。

　　除此之外，细菌还拥有其他耐药机制，例如，通过改变细胞壁的结构，让抗菌药物不容易进入菌体，通过"外排泵"将药物排出。细菌可以产生各种灭活酶，使药物失去抗菌活性。更重要的是，细菌对于耐药性并不是单一存在的，例如，同一株细菌，可能产生多种灭活酶，因此，也就获得了多种耐药机制。细菌产生耐药性，是与人类长期博弈的结果，是细菌生存的保护手段。目前，细菌耐药性日益增长是全球关注的问题，而人类也会积极面对并处理这一事关自身未来健康的重要问题。

第 10 课

地球微生物能否在火星繁衍？

人类想登陆火星的梦已经做了很久。不过，火星环境恶劣，表现为低压、低温和大气层中二氧化碳含量远远大于氧气等。对于人类而言，火星并不适于生存。那么，地球上的微生物可以实现这个梦想吗？

科学家在实验室构建了模拟火星的环境条件，结果发现，如此极端的环境下，一些地球微生物仍可以生存，它们甚至不用进入休眠期等待环境好转，而是直接继续生长繁殖。

这一次实验的主角是液化沙雷菌。液化沙雷菌并不特殊，它是一种常见细菌。要想成为实验的胜利者，需要经过三道极端恶劣环境的考验：首先是低温，即零摄氏度，这是火星地表温度的上限；其次是低压，火星上的大气压只有 7 毫巴 [①]，而地球上海平面的大气压约为其 150 倍；最后是高浓度二氧化碳的环境。经过一系列测试，液化沙雷菌脱颖而出，而其他细菌在经历三重恶劣环境的考验后也没有死亡，只是处于休眠状态，一旦环境恢复正常，它们还可以继续生长。

---

① 毫巴：也可写作 mbar 或 mb。1 毫巴 =100 帕斯卡（帕）。这是一个压力的物理单位。

当然，科学家还进行了更多的实验。为了研究低温效应，他们从西伯利亚永久冻土层提取出一些细菌，放入模拟火星的环境中，结果发现，这些细菌依旧可以生长繁殖。这说明能在低温环境中生存的细菌，更容易在火星环境中生存。当然，不是只有来自恶劣环境的细菌才能在模拟火星的生存环境中繁殖。研究者从人的唾液中找到了一些微生物，它们能在模拟火星环境的低气压下存活下来。

不过，当前的研究并不足以保证地球生命能在火星上生存，因为火星的环境条件相当严酷。这些测试并没有包罗全部的严酷条件，只选择了压力、温度和氧气浓度这几项。此外，地球大气中的臭氧层能屏蔽大量紫外线辐射，可是像火星的大量紫外线辐射和异常干燥的地表环境都有可能扼杀生命。如果要全面模拟火星环境，培养细菌的营养物质质量就会大幅度下降，如水分的控制（必须考虑的因素之一）。因此，为了保证实验顺利进行，研究者需要保证水分不会大量蒸发。

随着人类持续向火星派遣火星车和飞行器，会不会出现一种可能：有一些孢子随着火星车和飞行器来到了火星，着陆后"污染"了火星的环境？事实上，这种情况不太可能出现，原因如下：首先，着陆在火星的探测器会实施严格的除菌，以防止地球上的细菌搭乘而来；其次，着陆前的几天，太阳光会以直射或反射的方式除去火星车或探测器周围的细菌。即便紫外线辐射这一道重要的防线没有完全杀死缝隙中的细菌，另一道防线也会阻止这些"偷渡客"的扩散，那就是陨坑附近极度干燥的环境。此外，科学家也通过模拟火星环境，将生命力极强的菌株孢子送到大气层边缘，以评估哪些微生物最可能导致污染。科学家想通过这样的方式确定一件事：如果在火星上找到生命，那一定是火星生命，而不是从地球上带过去的。

第11课

病毒和细菌有什么区别?

地球上的生命形式可以分为三大类:动物、植物和微生物。三者有不同的生态角色定位,植物是生产者,动物是消费者,而微生物是分解者,三者之间形成一种物质循环流动的关系,其中微生物的分解作用至关重要,而细菌就是自然界中最广泛存在的微生物。

光学显微镜被发明之后,人类才首次看到微生物。细菌是一种体积非常小,仅凭肉眼无法直接观察到的微生物,几乎分布于世界的各个角落,比如人体中就含有不少细菌。

细菌模样各异,目前,按形状命名,可以分为球菌、杆菌、弧菌、螺旋菌、带附属丝菌五类。细菌的结构十分简单,每个细菌由单个细胞组成。相比之下,组成人体的细胞数量在万亿级别。虽然细菌的细胞数量稀少,但生命力十分顽强。有些细菌在缺水缺氧、没有营养成分的环境中可以生存下来。不过,不是所有的细菌都拥有这样的能力。如果周围环境不适宜生存,它们会采用暂停活动的方式来保全自己,比如产生增厚的细胞壁,等待环境好转再重新活跃。

细菌能够从很多方面帮助人类,例如帮助肠胃蠕动,促进维生素合成。某些细菌还可以作用于发酵行业。但世界上也存在很多可怕的细菌。很多人生病或死亡的罪魁祸首就是各种致病细菌。那么，细菌曾经引发过多么严重的后果呢？最经典的例子是 14 世纪的欧洲，曾爆发过严重的鼠疫，成千上万的人因为感染鼠疫病菌而丧命。

当科学家在寻找导致疾病的细菌时，发现有一些疾病的病菌找不到源头，例如天花。随着电子显微镜的问世，这一难题得到了解决。在电子显微镜下，可以发现不少细菌表面长有鞭毛。这是细菌具有较强移动能力的关键。与此同时，人类也在电子显微镜下看到了比细菌更小的病毒。跟细菌类似，病毒也是各式各样的形状。跟细菌不同的是，病毒无法依靠自身维持生命，也就是说，细菌能够自主繁殖，病毒则需要依赖宿主细胞完成增加数量的行为。

这种繁殖方式决定了病毒需要感染细胞。通常，病毒颗粒先附着于细胞表面，将病毒核酸注入细胞，而蛋白质外壳留在细胞外，接下来，病毒核酸给出指示，细胞被感染之后，帮助病毒去合成它自身需要的相关蛋白质，之后组装病毒蛋白质外壳，同时将已经大量复制的核酸包裹完成装配。新病毒诞生后，从被感染的细胞中裂解释放，随之被感染的细胞死亡。

跟细菌类似，病毒也会引发各种疾病，如小儿麻痹症（脊髓灰质炎）、水痘、艾滋病等。细菌和病毒都属于微生物，但没有从属关系。它们的出现给自然界带来不一样的色彩，人类需要正视它们的自然地位，与它们和谐相处。

第 12 课

病毒对人类有没有益处?

印象中，病毒跟细菌一样没有好名声，不过，有些病毒表现出迥然不同的特质，噬菌体就是其中的代表。噬菌体是以细菌、真菌、放线菌等微生物为宿主的一类病毒的总称，广泛分布于自然界中。对细菌而言，跟噬菌体上亿年的共存可能是一场噩梦，原因在于噬菌体拥有可以裂解细菌的系统，而这一点对于人类也是有所作用的。噬菌体分烈性和温和性两类，其中烈性噬菌体感染细胞后可引起细菌细胞的裂解。通常，病毒会给人类健康、产业发展带来一定的影响。不过，利用得当也可以通过它们进行生物防治，并且产生经济效益。

例如研究者利用噬菌体可以破壁的特点，进行分离胞内产物的操作。PHB（聚 β - 羟基丁酸酯 ）作为细菌细胞的内含物，可以对塑料类物质进行有效的生物降解。不过，要想得到这种物质，并使其发挥作用，第一步需要破坏胞壁，把内含物释放出来。这个时候噬菌体就派上用场了。通过基因工程将可紫外线诱导和可温度诱导裂解的噬菌体的裂解基因克隆进大肠杆菌中，重组后的大肠杆菌既可以积累 PHB，还能被诱导裂解。

噬菌体用作杀菌剂已经有超过一百年的历史了，在治疗细菌感染方面有很高的利用价值。通常，临床上广泛使用抗生素作为抗感染药物，不过，实际操作中存在较严重的抗生素滥用问题，导致细菌产生耐药性、免疫抑制、环境污染等情况的发生。科学家一直在寻找新的抗菌制剂，其中噬菌体超越抗生素的地方在于，对病原菌的特异性、不干扰正常菌群、毒副作用小等。大多数噬菌体都有自己特定的宿主，只会对这些病原菌产生杀伤功效，不会胡乱伤害其他细菌和生物细胞。现在，越来越多的细菌拥有了抗生素的抗性，而噬菌体恰恰可以避开这种抗性，因为它的作用机制与抗生素截然不同，因此，即便细菌拥有了抗生素抗性，噬菌体仍然可以裂解对方。由于噬菌体的目标是病原菌宿主，因此，噬菌体会感染细菌，也会随着细菌的清除而死亡，从而避免在体内留下痕迹。

有一个经典案例，发生在 20 世纪 60 年代。为抢救国家财产，上海钢铁厂的一名工人被铁水烧伤。由于情况紧急，医院用了各种抗菌药物，结果其大腿内侧感染了一种抗药性的绿脓杆菌。为了保住工人的性命，中外专家出现意见分歧，美国专家提出锯掉双腿，我国医务工作者经过昼夜拼搏，分离出一种噬菌体，可以裂解绿脓杆菌，最终成功保住了这名工人的双腿。

近年来，与噬菌体相关的研究领域越来越广泛，美国甚至第一次批准噬菌体可以作为食品添加剂，用于控制食品中李斯特菌的污染。未来在医药、食品保险、废水处理等方面，我相信会有越来越多的控制各类病原菌的噬菌体产品出现。

第 13 课

为什么天花曾是人类最恐惧的"花"？

　　世间花卉千千万，有的清香典雅，有的浓艳华贵，但无论哪种，人类终归不会害怕，毕竟花有自己美丽的一面。不过，有一种"花"却让人类历史充满血泪，那就是"天花"。天花其实不是花，而是由天花病毒引起的一种致死性疾病。天花病毒通过感染的飞沫在密切接触的人群中传播，多使人出现发热症状。天花的病死率在30%左右，幸存者也会留下伤痕累累的损毁性容貌。

　　在历史长河中，天花不止一次出现过。如果以世界作为流行范围，天花在公元前6世纪到16世纪曾发生过数次，对于人类文明进程产生了极其严重的破坏。天花病毒的破坏力惊人，仅20世纪，全球因天花死亡的人数估计有3亿人。在牛痘疫苗被发明之前，天花在某些地方是人口减少的原因之一。

　　面对传染病历史上最强劲的对手之一，人类怎么也没有想到，牛痘疫苗竟然成为终极武器，更想不到，这是一位乡村医生创造的生命奇迹。1796年，内科医生爱德华·詹纳发现挤牛奶的女工出过牛痘，便不再被传染天花。受此启发，他发现通过接种牛痘可以预防天花。目前，人类制造疫苗的手段已经获得极大的发展，我们可以通过动物细胞、DNA 等方法来制造。我国也没有放松警惕，一方面扩充天花疫苗的储存，另一方面研制更高效且安全的天花疫苗，双管齐下，以应对今后可能出现的危机。

1966 年 5 月，世界卫生组织通过了一项可以载入史册的决议：通过牛痘疫苗，人类要彻底消灭天花病毒。1980 年，经过全球监测，并且完成疫苗接种运动之后，世界卫生组织宣布，经过长期的奋斗，人类终于消灭了天花，而天花也成为目前唯一被消灭的传染病。

不过，全球消除天花后，还有两种天花病毒分离物在两个实验室里被保存，分别是位于美国佐治亚州亚特兰大市美国疾病预防控制中心的 WHO 天花和其他痘病毒感染合作中心及位于俄罗斯新西伯利亚叶卡捷琳堡俄罗斯国家病毒和应用生物研究中心的 WHO 天花和 DNA 鉴定合作中心，而其他国家的天花病毒必须被销毁，或者转送指定的实验室保存。1996 年，世界卫生大会作出决定，要求在 1996 年 6 月底前销毁包括储存在两个合作中心内的所有天花活病毒，但因为各种原因，世界卫生大会一再推迟天花活病毒的销毁时间。不过，倒是一致同意天花活病毒最终需要销毁。

无论储存在两个合作中心内的天花活病毒何时被销毁，显然，各国应当建立完善的应急准备，高度关注任何类型的天花异常事件，包括意外事故、自然复燃等。虽然天花病毒已经得到根治，但是对于其他高危病原体我们依旧不能放松警惕，全力投入科研和医疗、积极应对才是解决之道。

病毒也有免疫系统?

从发现病毒开始，人类就与各种各样的疾病有着千丝万缕的联系，毕竟病毒独特的代谢模式决定了它需要依赖宿主细胞。提到病毒人们往往闻之色变，因为通常对病毒的认识是：它能入侵其他细胞，并且破坏免疫系统。可是，你有没有想过，病毒其实也有免疫系统?

为什么病毒需要免疫系统呢? 原因很简单，它也能被别的病毒感染!

经过科学家的观察，他们确实找到了一些病毒被其他病毒感染的证据，甚至病毒自身的生存都受到影响。这要从一种特殊的病毒谈起，这种病毒就是米米病毒。米米病毒在病毒界绝对是一种奇特的存在，因为它属于超大号病毒。一开始，科学家并未把它看作病毒，因为从个头表现看，它更像是细菌，直到十年后，才正式确认它为病毒。跟其他病毒相比，米米病毒个头超大，遗传物质更多，拥有的基因数量甚至是其他病毒的几十、甚至上百倍。当然，米米病毒并不是最大的病毒，后来，科研工作者还找到越来越多的巨型病毒。

虽然个头巨大，但是米米病毒依旧需要依赖宿主细胞才能活下去。其中，米米病毒的感染宿主是阿米巴原虫。当科学家用电子显微镜进行观察时，他们发现，在阿米巴原虫的体内，不仅存在米米病毒，还有其他不同的病毒。倒不是一个细胞不能感染两种病毒（因为有些病毒只有在另一种病毒的辅助下才能正常复制），而是科学家发现这次感染的情况有些不同寻常，因为这种新病毒明显不是善茬，它没有和米米病毒和谐共处，而是会利用现有的条件生产自己的后代，导致米米病毒的复制受到严重影响，从而对米米病毒的生存造成威胁。在这种情况下，科学家认为，这种新病毒很像米米病毒的"寄生虫"。

这种情况听上去有点耳熟，很像病毒感染宿主细胞。于是，科学家参考噬菌体的命名，把这些新病毒命名为噬病毒体。当噬病毒体进入大病毒体内，除了利用对方的资源生产自己的子孙，还会抢夺对方的基因。因为研究人员在噬病毒体中找到了米米病毒的基因，推测可能是它们进入大病毒体内的同时抢过来的，而这种基因的交流是双向的，因为噬病毒体也会把自己的基因传递给米米病毒。经历了一系列的侵入和掠夺，大病毒的复制和生存同时受到极大的影响，不仅减产，而且后代常常带有缺陷。

在这种情况下，米米病毒必须奋起反击。细菌体内存在一个叫CRISPR/Cas 的系统，当病毒感染细菌后，细菌会把病毒基因组片段整合到自己的基因组里，从而"记忆"下来。下一次同样的病毒再来，细菌便会调动这些插入片段，通过一个能切割病毒基因组的核酸酶去"消灭"病毒。现在，研究者找到部分能够防御噬病毒体的米米病毒，而在大病毒的基因组里，也找到噬病毒体的基因片段，同时，在附近还找到类似的核酸酶"剪刀"。也就是说，米米病毒体内也存在一套"免疫系统"，跟 CRISPR/Cas 系统类似的"基因剪刀"。通过这种方式，米米病毒可以更好地生存下去。

第 15 课

病毒能致病也能治病？

　　几乎人人都有被病毒感染致病的经历，不过，人类也在思考，难道病毒百害而无一利吗？人类就不能利用病毒做些有益于人体健康的事情吗？现在，科学家发现，在某些情况下，致病的病毒可能也会是治病的神器。这一切跟基因治疗脱不了干系。所谓基因治疗，就是将来自外源的正常基因导入靶向细胞，以修正相关缺陷和异常基因而根治疾病。要想通过基因治疗达到治疗目的，那么，找到一个运输工具，将遗传物质送入目标细胞并且使其发挥作用就变得非常关键了。病毒作为一个合适的载体，就成为基因治疗中的重要组成。

　　经过科学家的尝试和选择，腺病毒由于具有一系列优势，成为最有前途的基因研究和治疗载体之一。那么，什么是腺病毒呢？在自然界，腺病毒的分布十分广泛，目前人类所知的至少有一百多个血清型。腺病毒总体分为两个属：哺乳动物腺病毒属和禽腺病毒属。其中，哺乳动物腺病毒属的代表是人腺病毒。禽腺病毒会影响家禽的产蛋性能，导致产蛋量下降。具体到腺病毒的毒粒结构，腺病毒颗粒直径为 80 纳米左右，呈正二十面体立体对称结构。它是一种无包膜的线性双链 DNA 病毒。

目前，腺病毒作为载体，正广泛应用于各种人类基因治疗的临床试验中。之所以选择腺病毒，首先是它对外源基因的容量大，其次是它的感染范围广，当然，最主要的还是安全性高。用腺病毒感染细胞时，因为人类是腺病毒的天然宿主，可以避免其DNA插入到其他染色体中，因此，降低了致癌的风险。此外，腺病毒载体系统具有多任务处理能力，即可以同时表达多个基因，而它也是首个能够在同一细胞株或组织中实现多个基因表达的体系。最后，腺病毒颗粒稳定性较高，以及外源基因表达水平高也是其优势之一。

同时，腺病毒载体系统也有一定不足，如含有一定免疫原性，具体表现在：即便在构建时已经剔除了编码病毒蛋白的重要基因，但在感染细胞后，还是会有较低水平的病毒蛋白表达，因此，导致身体将腺病毒载体视作外部抗原进行特异性的免疫反应。当再次使用病毒载体时，由病毒蛋白引发的抗体会将病毒载体中和，结果，只有极低水平或者没有病毒载体能够到达靶向部位，从而影响基因表达和治疗效果。

上述只是其中一项问题，鉴于腺病毒的种种不足，研究人员正在努力建立更适用的腺病毒载体，通过化学修饰等方式减弱免疫原性。经过改造后，腺病毒可以更好地应用于基因治疗等更多领域。

第 16 课

揭开冠状病毒的真面目

严重急性呼吸综合征（SARS）是一种严重危害人类健康的疾病，会导致致死性肺炎。临床表现为发热、咳嗽、呼吸困难和头痛等，于2002年发生，直至2003年中期才被消灭。后来，科研工作者发现了一种新的冠状病毒，叫作 SARS 病毒（SARS-CoV），经确认，它是SARS 的致病因子。SARS-CoV 的基本生物学特征如下：它属于冠状病毒科冠状病毒属，是一种具有包膜的单股正链 RNA 病毒，电子显微镜下观察到的典型的病毒颗粒呈球形，大小为 70~130 纳米。

进行全基因比对后发现，SARS-CoV 与以前定义的三类冠状病毒存在明显区别。也就是说，SARS-CoV 不属于以往的任何一种，它与以往的冠状病毒的 RNA 仅有 50%~60% 的同源性。在 SARS 爆发之前，在人血清标本库中也找不到相应的抗体，因此，在分类学上属于一类新的冠状病毒。其中，新发现的与 SARS 相关的冠状病毒符合科赫法则（这是一种用来确定侵染性病原物的经典法则）。首先，研究人员能在 SARS患者休内分离得到这种病毒；其次，能在相应的宿主细胞中培养和分离。若对猴子接种，则猴子能产生与人体内 SARS 相似的症状，在猴子的鼻咽分泌物中也能分离到同接种病毒完全相同的病毒。

那冠状病毒究竟拥有怎样的背景呢？

冠状病毒在分类学上隶属于冠状病毒科，是 RNA 病毒的一种。与 DNA 病毒相比，RNA 病毒的特点是基因突变率非常高，这是由于复制时产生错误的概率较高，大约每复制一万个碱基就会产生一个错误。随着病毒研究的持续发展，人们发现，能够引起症状的冠状病毒可能多达十几种。这类病毒处于很不稳定的状态，很有可能因受到环境的影响而发生变异。冠状病毒是目前已知的最大的正链 RNA 病毒，广泛存在于蝙蝠体内，在鸟、猫、犬、猪、鼠等体内亦有发现。冠状病毒会引起动物和人的呼吸道等部位的感染，病情状况因动物种类不同而异。

在与人相关的冠状病毒研究中，冠状病毒最先是在 1937 年从鸡中分离出来的。1965 年，通过人胚气管细胞培养技术，研究人员首次将其从普通感冒病人的鼻腔洗出液中分离出来，起名为 B814 病毒。之后几年内，又从感冒病人体内剥离获得一批病毒样本。通过对已发现的病毒进行形态分析可知，这些病毒的包膜有类似花冠的刺突状蛋白伸出，因此得名冠状病毒。

在 SARS 爆发之前，大家普遍认为，冠状病毒没有很强的致病能力，仅能引起普通感冒，很少引起下呼吸道疾病；冠状病毒感染是一种非常普遍的现象，以发生在冬季和早春为主，而且人体内普遍存在冠状病毒的抗体。然而，2003 年，它刷新了人们的认知；2019 年冬天，全球性的新型冠状病毒肺炎疫情爆发，人们重拾战斗精神，开始科学抗击新冠病毒。

SARS 冠状病毒进入细胞后，首先通过病毒颗粒外膜上的 S 蛋白与被感染细胞的相关受体结合，然后以内吞的方式完成入侵。由于 RNA 病毒的不稳定性，研制具有针对性的疫苗和特效药物较为困难。

第 17 课

人体如何反击病毒?

通常意义上的病毒是一种与人类、动物疾病和死亡相关的毒性物质。能感染人类的病毒非常常见,如流感病毒、肝炎病毒等。病毒在体内复制增殖,引起发热、头痛,或使某些器官产生炎症损伤,某些毒性较大的病毒甚至能轻而易举地夺去人类的生命。病毒从来没有停止过侵袭人类,而人类也从未害怕过与病毒斗争。那么,面对肆无忌惮的病毒,人体是如何反击的呢?

当病毒感染人体后,人体通过活化免疫系统展开防御。高等哺乳动物的免疫系统分为两大类:适应性免疫系统和天然免疫系统。当病毒入侵的时候,会有 T 淋巴细胞和 B 淋巴细胞进行特异性识别,一旦找到病毒,并且完成了识别过程,就会对其进行清除处理。其中,B 淋巴细胞可以分泌抗体,中和抗原,T 淋巴细胞可以介导细胞免疫。天然免疫系统作为抵抗病毒入侵的首道防线,在整个抗病毒免疫反应中发挥着十分重要的作用。

虽然机体在抵抗病原微生物的过程中提高了免疫能力,但是病毒也没有"坐以待毙",它们也发展了多种机制来逃避宿主的免疫监视。一种是被动方式:由于自身抗原是对方识别的关键位点,因此,改变自身抗原就可能躲避对方的免疫行为；另一种是主动方式，如干扰并破坏宿主免疫组分，从而大大减弱细胞的免疫能力，例如对 NK 细胞的调控。在病毒感染早期，机体主要通过 NK 细胞的杀伤力来完成抗病毒免疫。病毒可以使感染的细胞逃脱 NK 细胞的攻击。由于病毒需要依赖宿主细胞的复制体系，因此，病毒要想在宿主细胞内顺利生存，就必须非常"隐蔽"地完成复制和传播，重中之重就是要能够逃避宿主细胞的免疫攻击。在长期的进化过程中，大部分的 RNA 病毒已经形成了免疫逃逸机制，其中 HIV 病毒就是典型代表。

除了体内的免疫系统，科学家也通过研制病毒疫苗来提高人类与病毒战斗的胜率。目前市面上的疫苗分为灭活疫苗和减毒活疫苗两种。当前，活病毒疫苗的研制，正一点点刷新关于病毒疫苗研发的观念。

科学家用活体禽流感病毒为范本，一方面不破坏病毒整体结构，另一方面也不影响其感染能力，唯一的操作就是改变病毒基因组的一组三联密码子，这就让流感病毒的性质发生了翻天覆地的变化。这种方法还可以进一步扩展。如果想从致命性传染源转成预防性疫苗，继续改变三个以上三联密码子就能实现。如果想得到治疗病毒感染的药物，可以增加三联密码子的突变数量，并且药效会随着突变三联密码子数量的增多得到提升。这种通过人造病毒与野生病毒组合后产生的病毒，既延续了野生流感病毒完整的传染能力，活化身体的整个免疫反应，还由于改造后的病毒只接受特定的氨基酸，因此，注入体内的病毒会因为缺少食物而不能自身复制。目前，实验数据表明，这种疫苗的功能大于市面上存在的灭活疫苗和减毒活疫苗的功能，相信活病毒疫苗在未来与更多复杂难解的病毒斗争中会发挥更大的作用，从而扭转人类与病毒的战斗局面。

第18课

打败细菌的抗生素为啥对病毒不管用?

在医学史上,了解到疾病是由细菌引发的是一个极其关键的发现。不过,细菌会导致疾病,并不代表所有疾病都是由细菌引发的。在人类漫长的历史中,有一些疾病最初是没有发现病菌的,因为有一种比细菌还小的结构叫作病毒,个体大小一般只有细菌的十分之一。由于病毒极其微小,只有在高倍数的电子显微镜下才能看得清楚。致病性细菌和病毒共同作为病原体,像天花、狂犬病等,就是由病毒引发的疾病。

什么是抗生素?它是由微生物或高等动、植物在生命运行中产生的一类次级代谢产物,可以用化学方法合成,拥有抗病原体的作用,能抑制病原体相关细胞的活动,如阻断细菌的核酸合成、影响细菌蛋白质及细胞壁合成等。

针对细菌引起的感染,抗生素能够发挥重要作用,但它在病毒面前却败下阵来。这是怎么一回事呢?要弄清楚这个问题,我们需要知道病毒和细菌的差异性在哪里。

作为非细胞型的微生物,病毒必须依靠寄生活细胞才能完成复制增殖,因此,病毒结构和增殖方式决定了它的靶向位点比细菌少很多。

例如，链霉素清除细菌，是以细菌核糖体作为攻击目标，中止其蛋白质的合成。因为细菌与人类在核糖体结构上存在差异，因此，链霉素对细菌有猛烈的清除效力，而不对人体产生太大的副作用。因为病毒蛋白的合成过程需要宿主细胞的核糖体，因此，链霉素对于病毒无能为力。还有一些病毒隐蔽性更强，例如 HIV 病毒，可以将其 DNA 插入宿主细胞的基因组中，因此，抗生素不能准确识别已经藏身在宿主细胞内的病毒。

当然，人类对于病毒感染并不是束手无策。随着对病毒生活周期的了解逐渐深入，科学家发现了一些专门属于病毒的蛋白，如逆转录酶、整合酶等，因此，科学家可以围绕这些病毒蛋白研发抗病毒药物。不过，对于广谱的抗病毒药物的研发，由于病毒的多样性和快速的进化速度，人类还需要更多的探索。

综上所述，当自己被某些病毒感染患病时，不应该擅自服用大量抗生素，这样不仅对于治疗无益，还可能导致细菌产生耐药性。面对细菌或病毒感染，究竟选用抗生素还是抗病毒药物，想必大家已经心中有数了。如果实在拿不准，你只需要记住四个字："谨遵医嘱"。

太空里的空间站内有什么微生物?

随着航天技术的发展，人类探索外太空所花费的时间越来越长。空间站密闭、有限的环境，不仅为航天员提供合理的空间条件，在某种程度上，也为微生物提供了合适的生长环境，因为在长时间的飞行过程中，微生物在适宜的温度和湿度条件下，会呈现大量繁殖的特点。有研究表明，与地面污染相比，航天设施封闭的环境中，细菌和真菌的污染会更加明显。

事实上，在航天器进入太空前，相应的组装、发射等过程，都拥有严格的除菌步骤。不过，微生物依然会跟随航天员一起进入太空。根据长年的监测和统计，在俄罗斯"和平号"空间站内的微生物不少于200种。相比之下，国际空间站的微生物防御工作会更加严格。即便如此，也有上百种的微生物存在，因此，可以说微生物无处不在，有人的地方就有它，无人的地方也有它，它会出现在空间站也就不足为奇了。

微生物的过度繁殖对于航天员来说是一项不容忽视的潜在危险。由于航天设施中的微生物能够在舱内空气中比较久地飘浮，因此，空气状况也会受到影响。一旦这些细菌和真菌变成感染源，被航天员吸入呼吸系统，就可能会引起感染反应。除了空气质量外，饮用水和食品也是微生物潜在的目标。当航天员食用被微生物入侵的食品后，有可能患上与肠道相关的疾病。

除了让航天员的自身免疫系统能力降低，微生物的大量滋生还会对航天器材的安全性造成极大影响。数据显示，空间站内的非金属高分子材料会促进革兰氏阴性杆菌和真菌的繁殖。一方面是微生物从这些高分子聚合结构材料中获取营养物质，维持自身的生长繁殖，与此同时，高分子材料会发生降解；另一方面是在这些微生物生长繁殖时，会同时产生并释放一些生物产物，这些产物可能会引发金属材料腐蚀，继而影响仪器设施。根据15年的观察，微生物的危害是全方位的，像空间站的电器设备、管道等仪器，均在其覆盖范围之内。

我们见惯了地球上的微生物，它们一旦进入太空环境，会不会出现一些有趣的变化呢？太空拥有微重力和宇宙辐射等极端情况，因此，微生物的生长、发育、滋生很容易出现变异，从而导致微生物的繁殖效率、致病感染水平等提升，具体表现在细菌重组率和耐受抗生素功能都会有不同程度的提升。科学家曾经观察到，空间站内的真菌在变异后，具有更强的杀伤力。这些微生物破坏力极强，可以释放腐蚀性的物质，甚至可以在空气中释放毒素。由此可见，与地面同类相比，太空中的微生物活力更强。

当然，空间站的宇航员和科学家一直努力与侵入航天器的微生物作斗争，包括卫生大扫除、消毒处理等，而科学家也希望通过研究，找到抗微生物蛀蚀的材料或新方法。

第20课

为什么 HIV 病毒如此诡异?

如果谈论世界上已知的诡异病毒,人免疫缺陷病毒(HIV)必定会占据一席之地。在谈"艾"色变的今天,了解一下 HIV 背后的故事显得极为必要。

HIV 病毒的发现要追溯到 1981 年,美国洛杉矶的医院里突然出现五位病人,症状都是异常消瘦、高烧不退,临床表现为肺炎。当时,医生很奇怪,这是什么病呢?经过一系列完整的检查后发现,这些病人有一个最大的特征:他们具有免疫功能的 CD4 细胞数量远远低于正常人的水平,因此,他们的病被认为是一种免疫缺陷疾病。

事实上,艾滋病并不是一种疾病,而是当人体免疫功能发生障碍后出现的一组症候群。换言之,最后让艾滋病患者病亡的直接原因不是 HIV 病毒,而是其他疾病。这些由病毒、细菌等感染所导致的疾病,在人体免疫体系发挥正常时,是不会发生的。显然,HIV 病毒跟人体免疫系统之间发生过激烈的斗争。

事实上,T4 淋巴细胞在人体免疫系统中具有极其重要的作用,而HIV 病毒正是把它作为瞄准并摧毁的对象,大肆破坏 T4 淋巴细胞,最终通过病毒的繁殖和复制,将免疫细胞彻底破坏和摧毁,从而让人体免疫系统陷入崩溃状态。当人体免疫系统被摧毁后，人体失去了对众多疾病的防御能力，从而可能因为一个不起眼的病症就死亡。

HIV病毒不仅能攻击免疫细胞，还能逃脱抗体的制裁。跟一般的逆转录病毒不一样，HIV病毒拥有强大的快速变异能力，因此，即便人体可以产生抗体，但是生产相应抗体的速度常常比不上病毒的变异速度，同时，HIV病毒的变异能力也为疫苗的研制制造了极大的困难。

HIV病毒是一种新的逆转录病毒，与SARS病毒一样，都属于RNA病毒。不过，两者有极大的差别。HIV病毒进入人体之后，会借助外膜糖蛋白进入相应细胞，并且寄生在T4淋巴细胞最核心的部位，释放核酸物质，然后以自身的RNA为模板，在逆转录酶的作用下，形成RNA–DNA杂交分子，再以单链DNA为模板，合成双链DNA，并插入宿主细胞的染色体DNA中。在这种情况下，人体无力准确区分HIV病毒，诛杀对方也就无从谈起。这也是HIV病毒难以从体内被清除的原因，因此，HIV病毒就变成一种"顽疾"。

HIV病毒感染人体初期，并没有对免疫系统造成严重打击，因此，当病毒不断复制时，免疫系统在一定程度上能够对HIV病毒做出特异性的免疫反应。不过，依靠此类免疫反应，人体无法清除HIV病毒，但可以在一定时期内形成病毒增殖与死亡的相对平衡状态。但是这种较量并不会持续太久，人体免疫系统最终无法承受巨大的免疫压力，在多种因素的刺激下，HIV病毒通过大量复制，将免疫系统彻底摧毁。

虽然有一些针对艾滋病的药物以及通过多种药物混合治疗的方法，如"鸡尾酒"疗法，但是没有本质上对HIV病毒彻底清除的方式。

在当前没有更新、更有效的药物和疫苗的情况下，通过宣传教育，提高对艾滋病的认识、加强预防是最有效的方式。

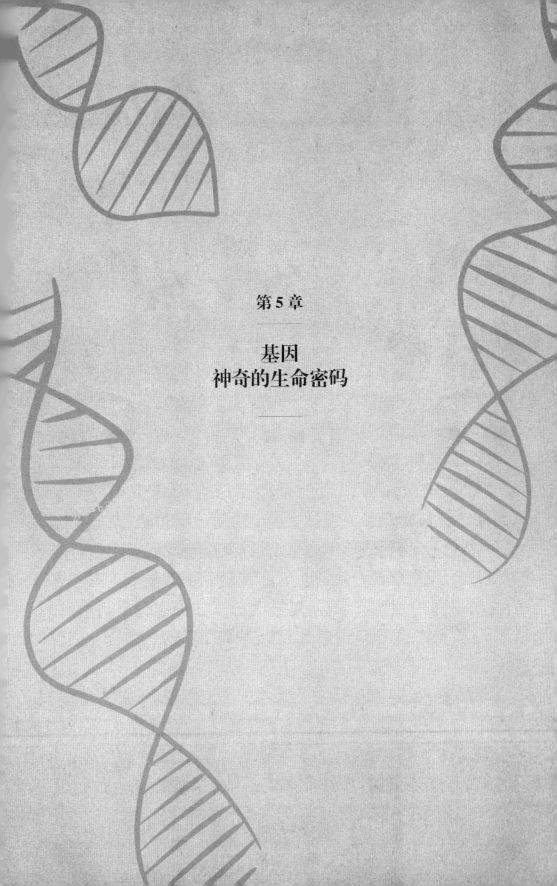

第 5 章

基因
神奇的生命密码

第 1 课

凭一根头发可以检测 DNA 吗？

人的头发里藏着很多秘密。人可能会说谎，但头发只会"说实话"。在法医眼中，习惯性吸毒者的毛发会嵌入微量毒品，因此，通过毛发可以鉴定一个人有没有吸毒。考古学家甚至可以通过头发了解古人的生活习惯。

在电视剧中，我们会看到这样的情节：有人偷偷剪下某人的一根头发，然后拿去验 DNA。那么，仅凭借一根剪下的头发，就能实现 DNA 检测吗？

事实上，剪下的头发并不能检测 DNA。真正能够检测 DNA 的，是头发的毛囊。你可以尝试迅速将一根头发连根拔起，然后仔细观察头发的根部，会发现有一些白色的透明物质，这个就是毛囊。只有带毛囊的头发才能够检测 DNA。如果是剪下来的头发，DNA 含量很少，因此，用来做亲子鉴定一般是不行的，而且一根头发也做不了，需要3~5 根。

准备头发样品时需要细致些。首先，拔头发时要快、准、狠，最好一起拔下符合数量要求的带毛囊的头发。成功与否就看是否能看到根部有白色物质。其次，头发拔下来后，为保证毛囊不被粘掉，需要在空气中晾一分钟，最后用干净的白纸包好再送检。由于人类基因组的复杂性，对全部遗传信息进行检测，在 DNA 鉴定中并不是通常采用的手段。常规的操作是，找到人与人之间代表个体差异的遗传信息标志就可以了。现在经常用于实践的标志物是 SNP（单核苷酸多态性）。另外，电视剧中关于亲子鉴定的桥段，偷偷剪下刚出生宝宝的头发去检验，实际上这种方式并不严谨。只有五岁以上的人的头发才有用，因为刚出生的婴儿头发比较细，拔下来一般没有毛囊，提取不到 DNA。

还有一个问题，如果现有的样本做不了 DNA 检测该怎么办？对法医来说，并不是每一个现场都能够提取到 DNA 物质，在很多情况下，DNA 的完整性是缺失的。在这种情况下，头发就成为一个更好的生物样本。不过，对于头发的利用，要分情况看待。比如在分析蛋白质方面，头发可以发挥自己的优势。相比脆弱的 DNA 随着时间和在环境中暴露容易被毁坏，组成头发骨架的角蛋白及相关蛋白性质就非常稳定，可以留存很长时间，研究人员从而可以利用蛋白质组学的方法进行检测。目前，研究者正在寻找能代替 DNA 鉴定的另一种可靠选择，这一选择也有机会成为身份鉴定的辅助手段，类似于 SNP。如果研究者能够在 DNA 中发现特点，那么也很有可能在蛋白质中找到相似的特点，毕竟 DNA 是合成蛋白质的重要线索。在蛋白质中找到可以辨识的标志，也就会形成单氨基酸多态性。这些单氨基酸多态性，在不能获取 DNA 的时候，会成为重要的鉴别个人身份的蛋白质标记。相关科学家指出，高达 1000 种蛋白质标记可用来鉴别个体身份，未来通过这种方式可以在全球人口中挑出具体的某个人来。

第 2 课

DNA 到底长什么样？三角形，四边形，还是……

DNA 掌控人类的遗传信息，调控众多生理活动。然而，人们对 DNA 分子的清楚认识，却经过了上百年艰难曲折的研究历程。

1869 年，瑞士生物化学家米歇尔从外科绷带上的脓细胞中提取了一种含磷的酸性大分子物质，取名为核素，之后正式提出"核酸"这个名词。1885—1901 年间，德国生物化学家克塞尔和他的学生美国生物化学家列文等人依次发现核酸中常见的四种碱基。1911—1934 年间，列文等人证明核酸中含有五碳的核糖和脱氧核糖。完成对 DNA 的早期发现后，列文提出错误的"四核苷酸假说"，认为核酸是一种简单重复的多聚体，由含量相等的四种核苷酸线性排列构成。不过，美国生物化学家查加夫的实验，却得到了与这个假说截然不同的判断。1948 年，查加夫利用纸层析法对碱基进行分离，然后通过紫外吸收光谱进一步定量分析，结果发现，不同的生物种类含有不同的碱基成分。虽然物种间的差异性较大，但是 A 和 T、G 和 C 的分子数总是保持相等状态。因此，科学家猜测，这四种脱氧核苷酸的排列次序或许隐藏着更丰富的信息内涵。由此，"四核苷酸假说"被封存在历史的尘埃中。这个实验为后续碱基配对原则及双螺旋结构的发现打下了坚实的实验基础。

X射线晶体衍射技术（1912年提出），成为解开DNA结构之谜的关键。美国生物学家詹姆斯·沃森和英国生物学家弗朗西斯·克里克的共同研究并非一帆风顺，他们先后提出了三种结构模型。1951年底，根据X射线衍射照片和键距计算资料，他们提出了一个三链螺旋模型，不过，后来他们发现对实验资料的处理有明显错误，第一次模型建立以失败告终。当他们寻找问题所在时，来自其他学科的帮助为身处迷雾中的他们打开了一扇窗户。数学家格里菲斯对生物学同样感兴趣，得知对方在研究DNA结构之谜，于是就去帮助他们计算碱基中的吸引力。经过一番计算后，他们发现碱基之间确实存在吸引结合力，而且吸引是有方向性的，A吸引T，G吸引C。于是，两人"嗅"到了一种碱基相互配对的可能性。他们进一步猜想，或许DNA结构的构建正是通过这样的相互配对来完成的。

找到这个突破口之后，两人再次进行试验。与此同时，他们也有了竞争对手——来自新西兰的物理学家威尔金斯和英国女物理学家富兰克林。作为物理学家，他们轻松解决了DNA分子的结构难题。不过，在进一步揭示其重大生物学价值的时候，两人却一直没有找到突破口。机会的天平再一次倾向了沃森和克里克。沃森拜访威尔金斯的实验室时，注意到富兰克林拍摄的高度清晰的DNA的X射线衍射照片。两人深受启发，于是重新设计一个双链螺旋模型，不过，这个模型基于相同碱基配对。虽然得到了模型，但是由于配对问题，很多数据与模型并不吻合。这个时候，其他学科的科学家再一次站了出来。美国化学家多诺修认为，应该调整模型的构型，从烯醇型变成酮型。这一回，大功终于告成。

　　在这个双螺旋模型中，两条链相互缠绕，链上的碱基顺序以彼此互补的方式结合在一起，其中 A 与 T 配对、G 和 C 配对。这个模型经过逐项精确地检查，得到学者们一致的肯定，第三次建立模型成功了。1953 年 4 月 25 日，英国《自然》杂志刊登了一篇文章，文章不长，只有两页，但是一经发表便轰动世界，因为文章讲述的正是詹姆斯·沃森和弗朗西斯·克里克的工作成果——DNA 分子的结构和完成复制的机制。毫无疑问，这对于人类认识自身的生命奥秘具有里程碑式的意义。

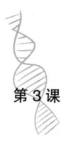

第 3 课

为什么说 A、T、C、G 是通向生命的密码？

　　作为生命活动的基本单元，细胞能够完成很多精巧的生命活动，遗传物质的复制就是其中之一。细胞核中含有染色体，而染色体是由两条脱氧核糖核酸（DNA）长链组成的，生命的遗传信息就存放在 DNA 中。那么，DNA 又是由什么组成的呢？答案就是四种关键的碱基，分别是腺嘌呤（A）、鸟嘌呤（G）、胞嘧啶（C）和胸腺嘧啶（T）。这四种碱基有一定的组合规律，并不是随机配对的。其中腺嘌呤和胸腺嘧啶互补配对，而鸟嘌呤和胞嘧啶互补配对。互补的碱基之间以氢键联结，成为两条 DNA 长链间的纽带。遗传信息在 DNA 中包含四种碱基 A、T、C、G 的不同排列方式，而在 RNA 中是由 A、U、C、G 的不同排列组成的序列。不同的生物会以 DNA 或 RNA 作为遗传物质，不同的碱基排列顺序会携带不同的信息。

　　生命信息的流动是从 DNA 转录形成 RNA，从 RNA 翻译为蛋白质。如果仅仅分析这三类分子的内容，你会发现转录过程涉及的两类分子 DNA 和 RNA，从组成和结构上具有一些相关性。因为它们均由四种不同的碱基组成，而且分子结构方面也具有相似之处。然而，翻译过程需要的 RNA 和蛋白质，它们的组成成分、性质和结构截然不同，一个是碱基，另一个是氨基酸，并没有表现出足够的关联性。在这种没有相似性的情况下，遗传信息的传递显然困难重重。不过，生物体最终很好地解决了这一难题，能够从核苷酸序列"读出"肽链顺序，显然，其中有一个不可或缺的能够"翻译"双方语言的密码系统。

为了揭示它，科学家从 20 世纪 40 年代起，就开始了不懈努力，历时近 30 年，终于破解了其中的秘密。其中最重要的内容是，RNA 从 DNA 接受遗传信息，并由每三个核苷酸序列组成一个密码子，去决定肽链中的一个氨基酸的位置。其中第一个破译密码子的实验是在 1961 年。研究者首先通过磨碎大肠杆菌获得提取液，为蛋白质合成提供一个理想的原料环境和酶系统。接下来，将提取液放进试管中，之后投入人工合成的多聚尿嘧啶核苷酸（UUU）和少量 ATP，通过这种方式来找到单一的氨基酸，结果能合成的肽链只有苯丙氨酸（Phe），因此，Phe 的密码子一定是 UUU。现在人类知道的密码子共有 64 个，编码 20 种不同的氨基酸。同时，密码子是通用的，即从病毒到人类，密码子是相同的。

当然，人类探索的步伐不会停下来。除了理解已经存在的奥秘，科学家也在努力扩充生命"字母表"，通过人工合成新的碱基。这四个最新合成的碱基用 Z、P、S 和 B 表示。它们的配对法则是 Z 配 P，S 配 B，以三个氢键进行相连。目前，新合成的四种碱基能形成稳定的 DNA 结构，同时可以形成 DNA 双螺旋结构，还可以成功转录 RNA。

新碱基的创造，打破了天然碱基原有的神秘特性，让人类在了解自身和大自然的道路上又前进了一步，预计未来它在理解生命起源、外星生命探索、产生拥有新功能的蛋白质分子和疾病的早期诊治等方面，会提供新的思路。

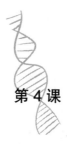

第 4 课

人是被基因控制的吗？

人类希望解读基因信息，这样就可以掌握更多资料，帮助了解疾病的生物基础。当基因的概念出现在公众面前，特别是对于基因的研究越发火热时，人们不免会产生一个疑问：人的一生是不是受基因控制？控制意味着基因对人及其人生都含有接管的意思。事实果真如此吗？

首先，每一生物都拥有众多性状，这些性状通过基因来控制。性状包罗万象，有的是形态结构方面，有的是生理特征方面，还有行为方式方面等。如果基因以成对形式出现，往往具有显性和隐性的区别，其中，显性基因决定显性性状，而隐性基因决定隐性性状。例如双眼皮和单眼皮的区别正是显性、隐性基因决定的结果，双眼皮是显性性状，单眼皮是隐性性状。从这个角度来看，基因对于外貌有着重要的决定作用，但这种决定性并不是 100% 的，因为环境因素也是不得不考虑的，因此，基因和环境条件会共同决定性状的差异。

除了相貌，基因在疾病方面同样具有影响力。某些重要的基因突变，哪怕是一个位点的变化，都可能导致严重的后果，威胁人的生存。

既然基因可以影响众多性状，那是不是人生也会被基因控制呢？

这一点在同卵双胞胎中表现尤其明显。

同卵双胞胎是由同一个受精卵发育而来的，他们的遗传物质几乎完全一样。不过，正如大家所见，在遗传上如此类似的两个人，今后的人生轨迹也是截然不同的，就像你会发现一对双胞胎中一个会患上癌症，而另外一个能够保持健康。

事实上，虽然同卵双胞胎之间具有几乎一样的 DNA 序列，但是他们的表型有时存在天壤之别，于是，科学家决定从"表观遗传学"入手，挖掘这些现象背后的奥秘。表观遗传学主要研究与经典遗传学法则不相符的众多生命现象。基因决定遗传信息是经典思想，不过，表观遗传学大大扩展了遗传学的外延，因为涉及如何带领机体对遗传信息进行具体的应用，包括调控基因表达与基因沉默。目前，表观遗传学的研究主要集中在三大方面：DNA 甲基化修饰、组蛋白修饰和非编码 RNA 的调控作用。研究表明，虽然遗传信息在同卵双胞胎中可能处于全部共享的状态，但基因变化从发育早期开始并持续进行着，所有的改变都有可能带给双胞胎截然不同的发展道路。此外，后天环境和自我选择等也在不知不觉地影响着他们，从而造就了他们最终的模样。

不过，人生之路是多方作用后的产物，因为，你是独一无二的，这是自身 DNA 和生活环境不断交流后的结果。因此，基因对人有影响，但没有绝对控制权。正确的态度是理解基因对人的影响，但无须"认命"。我们要了解自己的先天特质，从而为未来适合自己的生活打下良好的基础。顺应还是改变，主动权一直掌握在自己手中。

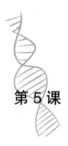

第5课

一粒豌豆引出的伟大发现

回望历史，站在遗传学"名人堂"的第一位大人物是乔治·孟德尔神父。如果只是神父，那他跟遗传学八竿子打不着，但孟德尔还有另一个身份——生物学家。他与生物的缘分是从一株小小的豌豆开始的。虽然起点不大，但对后世的影响巨大。现代生物学的发展离不开孟德尔的贡献，特别是经典遗传学。

在孟德尔所处的时代，众人对遗传学的认识还非常粗浅，流行的学说是"混合遗传"，即白＋黑＝灰。不过，孟德尔并不认可这种说法。他把豌豆当作研究对象，决定设计一系列遗传学杂交试验。对于孟德尔来说，豌豆就像他的孩子，选择豌豆是他深思熟虑后做的决定。因为豌豆是一种栽种方便的自花授粉植物，也就是说在自然状态下，可以避免外来花粉的干扰。在遗传学实验中，获得显著性状是实验成功的关键，豌豆在这一点上具有无可比拟的优势：它所表现的性状不仅多，而且稳定可靠，因此，它成为研究者青睐的生物对象就不足为奇了。孟德尔的工作简单却繁重，因为他需要人工培育这些豌豆，并通过科学手段对每一代的豌豆性状和数量进行统计，从中分析出相似性来。孟德尔通过八个寒暑的辛勤劳作，最终发现了生物遗传的基本规律。

孟德尔把自己的发现整理成文，完成了一篇论文《植物杂交试验》。孟德尔的主要观点是，遗传单位是遗传因子，遗传因子就是现在所说的基因。同时，孟德尔还提出了遗传学三大基本规律中的两个，分别为分离定律和自由组合定律。通过豌豆实验，孟德尔统计一对性状的杂交试验后，揭示了分离定律；统计两对性状的杂交试验后，揭示了自由组合定律。分离定律针对的是决定同一性状的成对遗传因子，它们相互分离，独立地遗传给后代，与之前流行的混合遗传学说有鲜明的区别。而自由组合定律说明的是多对遗传性状之间的关系，在不同遗传性状的遗传因子间，可以发生自由组合。这两个重要定律的发现对后世的生物学具有重要的奠基意义，而孟德尔也通过这些发现，让遗传学走上了快车道，在科学史上留下了光辉的一笔。

事实上，孟德尔并不是第一个进行杂交试验的研究人员。在当时，很多学者都进行过类似的试验，动物、植物都曾成为研究对象，然而，只有孟德尔诠释出遗传背后的真相，一方面是因为他努力勤奋，自小热爱园艺，并且通过自学掌握了自然科学的实践知识，另一方面是因为他抓住机会，接受自然科学和数学的系统训练，为以后从事植物杂交研究做好了准备。除此之外，主要原因在于他勇敢挑战权威，通过独特的思维方式，挑选适合的试验材料，采用严密的分析方法，从而获得了科学思维上的提升。

孟德尔把豌豆当作研究对象，是得到最终发现的关键性一步。不过，孟德尔于 1884 年永远地离开了他深爱的生物遗传事业。毫无疑问，孟德尔的成就非凡，而他对于生物学的奠基意义被后人深深铭记。

生物不分大小，哪怕是小小的豌豆，在孟德尔的精心呵护下，也能以最朴素的姿态震撼世界。

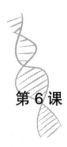

第 6 课

除了 DNA 和 RNA，病毒的"遗传物质"还可能是它?

在 20 世纪 90 年代，欧洲多个国家突然暴发疯牛病，特别是英国，成千上万头牛被捕杀并焚烧处理，多地遭受巨大的经济损失。究竟谁是疯牛病的幕后黑手呢?

疯牛病只是朊病毒病中的一种。朊病毒病也叫传染性海绵状脑病，是一种由朊病毒引起的可感染人和动物的致死性神经退行性疾病。典型的朊病毒病包括人的克雅氏病、牛传染性海绵状脑病等。

自从发现朊病毒是引起海绵脑病的病原后，人们对朊病毒进行了深入的研究。朊病毒是一种非常独特的病毒，它是一种不含核酸，但是具有感染性和自我复制能力的蛋白质。它的发现也让发现者成为 1997 年诺贝尔生理学或医学奖得主。朊病毒的主要成分是朊病毒蛋白，被称为 PrP，即抗蛋白酶蛋白。PrPc 是人和动物正常细胞编码的蛋白质产物，对比正常细胞所表达的 PrP（PrPc）和具有传染性的 PrP（PrPSc）时结果显示，PrPSc 是由正常蛋白发生错误折叠，最终形成具有感染性的蛋白。虽然两种蛋白 PrPc 和 PrPSc 来自同一基因，也拥有相同的氨基酸序列，但结构上有着本质差异。这种变化归根到底是构象的改变，即 α - 螺旋含量降低，而 β - 折叠的含量增多，从而导致正常的蛋白 PrPc 变换为致病的蛋白 PrPSc。在结构变化的同时，还伴有蛋白质性质的深刻变化。PrPSc 不溶于水，对物理、化学因素具有非常强的抵抗力，且对蛋白酶 K 具有部分抗性。研究发现，用损伤核酸的方法不能消除朊病毒的感染性。不过，PrPc 很容易被蛋白酶消化。因为没有核酸，朊病毒的复制方式与众不同，是通过将正常形式的蛋白转变为致病形式完成的。其一般过程是，致病蛋白 PrPSc 与正常蛋白 PrPc 分子结合，使后者转变为具有致病性的 PrPSc，产生的 PrPSc 分子继续重复与其他正常蛋白 PrPc 分子结合，如同多米诺效应一般扩大影响力，最终实现朊病毒的自身复制。

朊病毒很难引起免疫系统的察觉，不易被识别，因此，这给朊病毒病的防治带来极大困难。朊病毒随着不断聚集，形成自聚集纤维，接下来堆积在中枢神经细胞中。朊病毒感染主要导致中枢神经细胞死亡，造成哺乳动物的脑部病变，动物和人会产生认知和运动功能的严重衰退，甚至死亡，临床表现是脑组织的海绵体化、空泡化。

目前，人们对于朊病毒的感染机理还了解得不是很清楚，不过，朊病毒能够引起相应的疾病已经成为大家的共识。虽然朊病毒作为病毒颗粒体积很小，但是它跟其他肉眼不可见的微生物，如病毒、细菌等，具有鲜明的区别。除朊病毒病外，众多神经退行性疾病，如阿尔茨海默病、帕金森病、亨廷顿舞蹈病等致病原因，都是由蛋白质异构引起的，因此，研究朊病毒致病机制对于其他神经退行性疾病的研究有重要的借鉴意义。

第 7 课

一只白眼果蝇如何改变遗传学？

在遗传学的发展中，有一个人不得不提，那就是摩尔根。他和实验材料果蝇共同谱写了非常精彩的篇章。繁殖速度快、方便饲养是果蝇的优势。基于这些外部优势，摩尔根发现果蝇是一个非常合适的研究材料。他开始观察这些可能引起生物学变革的小家伙。摩尔根没有特殊的工具，一个放大镜就是他的全部工具。他做的工作也很简单，就是观察果蝇有没有发生突变，有没有产生不一样的表型特征。

但这一切只是开始，故事在 1910 年被推上真正的高潮。摩尔根利用果蝇进行诱发突变实验。冥冥之中，上帝赐给他一只来之不易的白眼雄果蝇。有多么来之不易？因为只有这只雄果蝇的眼是白色的，而他的兄弟姐妹都是红眼的。所有人都意识到，这是一只发生变异的个体。再仔细观察，他又发现这只果蝇非常虚弱，它奄奄一息的状态让他不禁担心：万一白眼果蝇就此死掉，那之前的辛苦就付诸东流了。

老天似乎跟他开了一个玩笑，给了他一只与众不同的果蝇，但又让它在生死边缘徘徊。不过，这是一只注定在遗传学历史上"不同凡响"的果蝇。当时，摩尔根把果蝇带回家，让它老老实实地待在床边的瓶子里，第二天他又将它带回实验室。摩尔根在期待一个奇迹的诞生，而他的运气当真不错。这只果蝇临死前，居然"回光返照"，用尽最后的力量跟一只红眼果蝇交配了。这样一来，摩尔根松了口气，因为那个天赐般的与众不同的突变基因被留了下来！更神奇的是，当摩尔根用这只白眼雄果蝇与红眼雌果蝇进行杂交试验后，下一代无论是雄果蝇还是雌果蝇，都只有一种眼色，那就是红色。摩尔根利用产生的下一代果蝇自交，突然发现，下一代呈现出孟德尔的性状分离规律，其中红眼果蝇和白眼果蝇的数量比例近似 3∶1，而且子二代的白眼果蝇都为雄性。

如何解释这个实验现象呢？摩尔根首先根据性状分离定律，认定红眼是显性基因，而白眼是隐性基因。不过，令人惊讶的是，通过许多杂交试验，摩尔根有了许多新发现，一方面他了解到决定眼睛颜色的基因位于 X 染色体上，另一方面他发现了染色体是基因的载体。根据这一发现，摩尔根产生了一个推论，因为染色体具有 X 和 Y 的区别，控制眼色的基因位于不同的染色体，会产生截然不同的效果。不过，如果该基因位于 X 染色体上，同时 Y 染色体上没有对应的等位基因，那么实验结果就可以说得通了。后来，摩尔根把这种现象称为"连锁"，意思是基因跟随 X 染色体遗传，仿佛有一根隐形的锁链将两种基因锁在了一起，相互伴随。除了基因的连锁定律，他还发现了另一个定律：当生殖细胞形成时，一对同源染色体上的不同对等位基因之间可以发生交换，因此，摩尔根提出遗传学第三定律——基因的连锁与交换定律。

现在我们了解到的很多知识，如染色体是基因的载体、基因呈线性排列等，都是从那时候开始建立的，自此，摩尔根成为现代遗传学的奠基人。

事实上，摩尔根所用的白眼突变只是果蝇众多眼色变化中的一种。果蝇眼色控制涉及较为复杂的生化反应，相关基因突变能引起诸如杏色眼、朱红眼之类的多种突变，而除了眼色，翅形、体色、刚毛等变异，也成为遗传学分析的良好材料。

当然，摩尔根也获得了丰厚的回报，1933 年，他正式获得诺贝尔生理学或医学奖。他是世界上第一位获此奖的遗传学家。

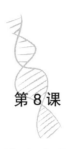

第 8 课

人类基因组计划如何打开"生命天书"?

　　说到最难破译的书，恐怕就是"生命天书"了。不过，人类一直期待对自身有更深刻的了解，其中如何破解遗传信息就是人类需要攻克的第一道难题，而解读组成 DNA 的核苷酸排列顺序是根基。未来所有关于基因层面的操作，都要建立在这个基础之上，因此，人类愿意挑战自我、迎难而上，向解读"生命天书"发起冲击，人类基因组计划应运而生。

　　基因组，指的是一个细胞中全部遗传物质的总和。人类基因组计划的目的，就是测出人类基因组 DNA 的 30 亿个碱基对序列，找出人类拥有的全部基因，以及它们在染色体上的坐标，从而获取人类所有遗传信息。对这本"书"的解读，从 1990 年开始，美、英、德、日、法、中六个国家的科学家经过共同努力，终于在 2003 年 4 月，宣布完成人类基因组序列图测定。

　　在人类文明史上，出现过很多科学壮举，毫无疑问，人类基因组计划也可以位列其中。经过一代人的努力，科学家们完成了多张图谱的绘制，其中包括遗传图、物理图与序列图，其中序列图的绘制是重中之重。每一张图谱承担着各自重要的生物学意义，其中遗传图谱通过 6 000 多个具有遗传多态性的遗传标记，将人的基因组进行划分，共得到 6 000 多个区域，从而为基因识别和定位奠定了良好的基础。

DNA 测序从物理图谱①的制作开始。随着遗传图谱和物理图谱的完成，科学家通过测序得到了基因组的序列图谱。基因图谱是一个综合图谱，包含基因组外显子的信息、相关基因序列、位置等内容。

在人类基因组计划中，尽管我国只负责 1% 的份额，但这是不容小觑的 1%，因为它代表着作为唯一的发展中国家，在如此伟大的科学创举上，刻下了中国科学家的名字。我国负责测定的 1%，即 3 号染色体上的三千万个碱基对，含有众多基因，未来具有极大的研发价值。通过这 1% 的项目，中国建立了接近世界水平的基因组研究机构，培养了相关基因研究人才，在生物技术研发方面成为排头兵，而不是一个落后的追赶者，因此，中国没有失去 21 世纪生物产业的发展机遇。

通过测定人类基因组的所有 DNA 序列，人类得以获取全面了解自我最重要的生物学信息。未来人类基因组计划与基因诊断等众多产业密切相关，相信会释放巨大的生产力。不过，人类基因组计划只是人类认识自身的第一步。虽然我们完成了人类基因组 DNA 全序列测定，但这只是破译人类遗传密码的基础，未来更关键和数据量更多的工作是关于功能基因组和蛋白质组学的研究。在探索自身的道路上，人类任重而道远。

---

① 物理图谱是指有关构成基因组的全部基因排列和间距信息，物理图谱制作是 DNA 测序工作的第一步。

第 9 课

人类基因组部分 DNA 竟然来自病毒？

　　人类的所有 DNA 都是自己的吗？或许事实并不是这样。我们的 DNA 中，大部分成分是属于人类的。但是研究人员在人类的基因组中，找到了多种与人类无关的 DNA，这些 DNA 是从病毒那里遗传而来的。

　　这里需要介绍一个新概念——内源性的逆转录病毒。逆转录病毒属于 RNA 病毒的一类，它们的遗传信息不是存放在 DNA 上，而是存放在 RNA 上。内源性的逆转录病毒在感染人类的祖先后，会将自己的 RNA 以逆中心法则的方式转化成 DNA，然后整合进入人类的基因组中，因此，逆转录病毒的感染对人类而言是终生的。这些病毒有很多大名鼎鼎的同类，比如引发艾滋病的 HIV 病毒。虽然感染是终生的，但并不意味着逆转录病毒带来的只有致命的效果，因为这种整合到宿主的基因组的行为，可能只是希望延续自己的生存。随着人类不断发展，这些病毒来源的 DNA 也在不停复制，延续至今就形成了我们的 DNA。事实上，在人类的 DNA 中，有 8% 都来自病毒。

　　虽然逆转录病毒可以插入宿主的基因组中，但并不意味着它能够跟随宿主传递到后代中。只有逆转录病毒感染了生殖细胞，这种可能性才存在。不过，这种插入通常是致死的。很多人也认为这种人类基因组中的残留病毒痕迹实际上就是进化留下的"垃圾"，那么，这种内源性逆转录病毒对人类有什么积极作用呢？

事实证明，这些"不速之客"也不是完全没有作用。对于内源性逆转录病毒，有些基因序列甚至会对人类产生极其关键的帮助。例如，人内源性逆转录病毒 W 家族的基因编码一种膜上糖蛋白，叫作合胞素（syncytin）。当胎儿形成之后，需要跟母体进行营养和废物的交换，这时，合胞素就发挥了重要的作用，因为合胞素参与胎盘的形成。一段病毒基因能让孕妇的身体为胚胎加上一层细胞屏障，保护胚胎不受到母体血液中毒素的伤害，同时还能阻断母体免疫细胞的入侵，防止胎儿被免疫排斥。合胞素起源于病毒外壳蛋白，能与宿主细胞膜上的受体结合，帮助病毒进入细胞。现在人类通过这种物质完成母胎联系以及营养产物和废物的交换，这就是进化过程中，宿主利用了病毒侵入细胞的能力。除此之外，一些人内源性逆转录病毒家族或许与癌症和自身免疫疾病的出现相关，这是科研人员下一步的研究重点。

毫无疑问，在人类基因组中的病毒信息记载了数亿年间逆转录病毒与宿主的进化关系，为科学家研究病毒和人类贡献了重要的数据来源。自 20 世纪 60 年代发现内源性逆转录病毒以来，科学家已经进行了大量的研究。不过，迄今为止，人类对其功能、进化关系的了解还远远不够，为了揭开其中的奥秘，人类还需要进行更多的工作。

第 10 课

正常人会不会基因突变?

很多人对基因的概念并不陌生，知道基因是片段化的 DNA，是生物体携带和传递遗传信息的基本单位。不过，基因是不是从出生起就稳定不变呢? 正常人会不会发生基因突变呢? 答案是肯定的。基因突变是一个正常的自然现象，无论男人还是女人，也不论成年与否，都会出现基因突变的现象。

什么叫作基因突变? 组成 DNA 分子的碱基对发生添加、缺失和替换，从而改变基因结构，就是基因突变。基因突变一般分为三种类型：第一种是不同种碱基间发生相互取代，常见的是嘌呤取代嘌呤，嘧啶取代嘧啶；第二种是在碱基序列中增添一个碱基，从而将 DNA 序列打乱，导致合成的蛋白质变性或者造成个体死亡；第三种是在碱基序列中缺失一个碱基。

引起基因突变的因素分为外因和内因。内因发生在 DNA 复制过程中，由于局部改变而引起遗传信息变化；外因有物理因素，如紫外线、伽马射线等；化学因素如亚硝酸、黄曲霉素等；生物因素如某些病毒和细菌等。

通常，基因突变是有害的，最典型的例子就是镰刀型细胞贫血症。

这是一种单基因遗传病，顾名思义，患者正常的圆饼形红细胞变成镰刀形。基因层面上的病因是正常的血红蛋白基因突变为镰刀形细胞贫血症基因。之所以说基因突变一般是有害的，主要是因为突变带来的后果打破了已经在进化过程中形成的平衡，从而产生不利于生存和生活的影响。不过，这也并非绝对。在某些情况下，基因突变也能带来有利或既无利也无害的变异，不过，这建立在核酸分子的结构相对稳定的条件下。实际上发生基因突变的概率在一个极低的水平，而很低的突变率也保证了物种的稳定性和连续性。

即便基因发生突变，也不是都能遗传下去，这取决于物种类型和细胞类型。对动物而言，体细胞的突变一般不会遗传给后代，当生殖细胞发生突变时，才有可能传递给子代。植物的情况有所不同，如果是芽发生突变，那么由这个芽发育而来的枝条、叶、花和果实，都会成为突变型。对人类而言，基因突变可能导致遗传性疾病。遗传性疾病体现在人的遗传物质发生改变。无论是数量、结构还是功能上，遗传物质改变后，均有可能导致遗传性疾病，对于生命活动会形成比较大的阻力作用，而后代也有可能获得遗传性疾病。遗传性疾病主要通过生殖细胞进行传递。

基因突变很容易被误解为消极因素。部分基因突变确实会引起遗传疾病和肿瘤的发生，从而危害生命，但是基因突变也有积极的一面。从生物进化的角度来看，正是基因突变的不断发生，带来了物种进化的"源动力"。自然选择会淘汰不理想的突变，保留对物种有利的突变。没有基因突变形成的不同等位基因，也就没有现在丰富多彩的生物世界。

第 11 课

人人体内都有癌基因吗?

1969 年,一位长期研究癌症的美国科学家说,人类患癌的真正原因是自己。原来,这位科学家在人类正常细胞的 DNA 上发现了癌基因,也就是说,人体内都存在这种癌基因。这个发现无疑是令人震撼的,后来他也因此获得了 1989 年的诺贝尔生理学或医学奖。这个发现一方面为人类了解癌症带来了新的见解,另一方面也产生了新的问题——我们该如何解读这一重大发现呢?

首先,基因是主宰生物遗传的物质,而癌症又被称为恶性肿瘤,是一个令人闻之色变的话题。这项研究表明,癌症和基因有着千丝万缕的联系。有一类基因被称为原癌基因,在人体内普遍存在,是细胞中固有的正常基因,参与众多调控过程,是完成生长、分化、凋亡等生物学过程不可或缺的组成。人体每个细胞内大约含有 1000 个原癌基因,与此同时,人体细胞内还有抑癌基因。一般情况下,原癌基因会受到抑癌基因的控制,一旦原癌基因被激活,癌基因的表达就占据主导地位,就可能出现无限生长的肿瘤细胞。

正常的细胞经过传代培养,繁殖到 40~50 代,就会逐渐衰老、凋亡,但是癌细胞不再受到机体的控制,在适宜条件下能无限增殖。科学家经仔细研究后发现，癌细胞的遗传物质、形态结构和表面物质等都发生了相应的变化。例如，很多人类细胞不能无限分裂，是因为细胞每分裂一次，位于染色体末端的端粒就会缩短一点，而端粒就是染色体末端富含 TG 序列的 DNA 重复片段。当它缩短到一定程度，就会引起染色体不稳定而启动细胞程序性死亡。癌细胞的无限分裂能力与其具有高水平的端粒酶活性相关，端粒酶可以重建端粒，从而使细胞无限分裂。

那么，哪些因素可以激活癌基因呢？通常有四类：物理因素，如热、放射线等；化学因素，如镍、镉及其化合物等；生物因素，如病毒等；心理因素，如长期抑郁、怒火等，都可能启动癌基因。当然，癌的发病机理还在不断被探索中，目前人类还没有彻底了解它。

那人类该以什么样的态度面对癌症呢？首先我们要保持镇定，树立信心，及时进行正确的治疗，避免"偏方""怪力乱神"等因素耽误治疗进程。此外，很多人希望在早期就发现癌，因此需要去检测相应的肿瘤标志物。这些肿瘤标志物只是一种提示，因为它们的特异性和敏感性都不是 100%，检测数值高，不代表是癌症，因此，请正确看待它，但这需要引起大家重视，大家可定期复查或进一步综合检查。

当然，更好的方式是在患癌之前就做到远离癌症：保持健康的生活习惯尤为重要，戒烟、少饮酒是基础，多食水果、蔬菜，少吃含脂肪类的食物，养成细嚼慢咽的习惯，适当参加体育锻炼，保持良好心态，定期体检筛查。

第 12 课

通过 SARS 了解其背后的 RNA 病毒世界

SARS 病毒和新型冠状病毒的出现，让大家的目光再次投向 RNA 病毒。实际上，在过去 200 多年间，全世界共发现了 2284 种病毒，这当中大多数是 RNA 病毒。什么是 RNA 病毒呢？根据核酸类型，病毒可以分为 DNA 病毒和 RNA 病毒；根据转录 mRNA 的方式，可以细分为六种类型：双链 DNA 病毒、单链 DNA 病毒、双链 RNA 病毒、正链 RNA（+RNA）病毒、负链 RNA（−RNA）病毒和逆转录病毒。病毒核酸的正、负链依据碱基序列与 mRNA 的一致性来判断，序列一致为正链，序列互补则为负链。大部分 RNA 病毒在宿主细胞质内合成病毒的全部组分。对于正链 RNA 病毒，这类病毒的特点是病毒基因组 RNA 直接具有 mRNA 的功能，病毒核酸具有感染性，其中正链 RNA 既能够作为 mRNA，帮助病毒蛋白质的合成，又能够用作模板，复制负链 RNA，如之前提到的 SARS 冠状病毒。像流感病毒、狂犬病毒等属于负链 RNA 病毒，这类病毒自身大多携带 RNA 聚合酶。逆转录病毒，虽然也是单股正链 RNA 病毒，但因为它具有反转录酶，因而生物合成过程完全不同于正链 RNA 病毒，这里，HIV 病毒是其代表。

病毒没有进入细胞内部时，属于无生命的大分子颗粒，无法生长和分裂。病毒感染特定的活细胞后，就能借助宿主的能量营养系统，在病毒核酸的控制下，合成相应的病毒核酸与蛋白质等成分，最终装配成拥有完整结构以及侵染力的成熟病毒颗粒，这种增殖方式叫作复制。一个复制周期分为六个阶段：吸附、侵入、脱壳、增殖、装配和释放。另外，细菌有细胞壁，但病毒没有，也不涉及常见的糖类、蛋白质代谢等活动。在这种情况下，抗生素对病毒束手无策。

病毒的基因组进化具有高度的灵活性。RNA 病毒基因组的灵活性表现在基因的获取和失去方面。对于 RNA 病毒，基因组进化变异速度快是其一大特点。由于 RNA 病毒的 RNA 聚合酶缺少校对功能，复制不精确，因此，RNA 病毒基因组中的碱基很容易出现突变。RNA 重组是 RNA 病毒独特的遗传信息交流方式，普遍存在于 RNA 病毒中，例如 1985 年首次发现的冠状病毒重组现象。在漫长的进化历史中，病毒始终在进行各种各样的基因重组，频繁的重组行为深刻地改变着病毒的结构基因和非结构基因。重组的多样性可以发生在各种病毒的组合之间，包括正负链病毒间、RNA 病毒与 DNA 病毒间等。

RNA 病毒的基因组在复杂性上呈现极大的差异。复杂的 RNA 病毒含有大量的辅助基因，而最简单的病毒仅由一个 RdRp 基因组成。与此同时，RNA 病毒拥有从其他生物细胞中获得基因的能力，并且这些基因不止一次地被获得与丢失，因此，病毒在进化史上出现了断断续续的特征。病毒性疾病因病原体变异快、传染性强、有效药物少，一直是传染病防控和临床治疗的难题。未来，科学家将朝这个方向继续努力。

第 13 课

怎么看待转基因食品?

什么是转基因食品?顾名思义,含有转基因成分的食品就是转基因食品。所谓的转基因,就是利用分子生物学等手段,将某些生物的基因片段转入目标生物中,最终获得预期的遗传性状的技术。转基因食品的发展非常迅速,1993 年,世界上第一种转基因食品——转基因晚熟番茄在美国上市。由于这种番茄可以长时间储存,因此,满足了一定的消费需求。随着粮食危机的进一步加剧,转基因作物势必将贡献出更多的力量,而美国、加拿大等国家已经成为世界上转基因产品的主要生产国。

转基因作物有众多优点:它们可以提高作物产量、缩短传统作物的发育周期、有效降低生产成本,还可以为作物增加一些优良性状。例如,我们可以选择性导入抗逆基因,从而让作物具有抗病毒、抗旱、抗盐碱性等性状。转基因植物的种子易于保存,而且它的新性状可以在长年育种中被保存。不过,很多人对转基因食品有妖魔化的误解。对于转基因食品,我们要有科学理性的认识,不能把转基因食品跟农药污染等概念混淆,这是认识上的误区。尽管转基因食品可能存在一定的潜在风险,但是不能认为它已经存在现实威胁,两者不可混淆。

虽然转基因产品具备诸多优势，但是我国在对待转基因食品方面的态度比较慎重，要求对转基因食品进行严格的安全评估和检查，甚至相继出台了一系列的法律法规，制定了《农业转基因生物进口安全管理办法》等，统一管理转基因生物在研究、生产、经营及进出口活动等各个环节的安全性问题。目前已获得转基因生产应用安全证书的作物有棉花、水稻、番木瓜等，其中批准商业化种植的只有棉花和番木瓜，批准进口的用作加工原料的转基因作物仅限于大豆、玉米、油菜、棉花和甜菜，且这些食品必须获得我国的安全证书，被准许进入市场的前提是必须确保不会产生任何副作用。从消费者的角度来说，我国政府保障消费者的知情权和选择权，具体体现在：一旦某种食品含有转基因成分，就需要进行明确标示，由消费者自我选择购买与否。

　　从世界文明发展史的角度看，每一项新技术的诞生、应用和被接受，都历经各种曲折，转基因技术也不例外。它正在对人类的生产和生活产生巨大的影响，因此，我们要用科学理性的态度来认识它。世界上没有绝对零风险的技术，正如每年有数百万人丧命于交通事故，但人们不会因为乘车的风险性就选择放弃乘车。

　　我国是农业大国，但人多地少，且粮食消费量巨大，一直存在粮食供不应求的问题。毫无疑问的是，转基因技术为农业发展带来了全新的力量。随着人口急剧增加和耕地面积进一步减少，转基因技术会成为人类越来越依靠的手段。转基因技术经过 30 多年的发展，已经更加成熟和安全。对于转基因技术，其安全性尚无明确定论，但是我们不应该对其全盘否认，而应该对转基因的潜在风险进行科学评估。

第 14 课

基因能通过进食来转移吗？

生而为人时，我们都经历过遗传物质的转移，比如从父母那里继承某些相似的特点。这种情况可以被看作基因的纵向传递，也是自然界广泛存在的。那么，基因有没有横向传递的方式呢？动物和植物间可以实现基因的转移吗？有没有可能通过吃东西实现基因的转移？这看起来是三个复杂难解的问题，事实上我举一个例子就够了。

这种情况很罕见，但是科学家还是找到了自然界中动物和植物间通过进食转移基因的案例。有一种叫作绿叶海蜗牛的海洋软体动物，在生活中，它们的饮食很有特点。这种状似绿色鼻涕虫的软体动物喜欢进食一种藻类，进食后，它身体的颜色会逐渐变为绿色，如同一片树叶。嫩绿的颜色可以轻而易举地与周围的海藻混为一体。更有趣的是，这种绿色并不是暂时现象，而是会保持终生。

经过研究，生物学家发现，原来这种绿叶海蜗牛不仅能将吃下的绿色藻类中所含的叶绿体贮存下来，而且还可以利用它正常地进行光合作用，产生食物，作为自己持久的能量来源。不过，问题是，如果没有进一步补充，特别是没有补充维持叶绿体运转的必需蛋白质，那么体内的叶绿体迟早会"罢工"。对于其他类似的盗食性生物，它们会选择再次吞食藻类来更新体内的叶绿体储备。

可是绿叶海蜗牛只进食了一次，也就是说，它体内拥有的叶绿体全部来自那一次用餐，没有外源食物补充。那么，绿叶海蜗牛又是如何维持叶绿体的正常功能的呢？科学家检查了绿叶海蜗牛的基因组成。在绿叶海蜗牛的基因组成中，科学家找到了与之前被吞食藻类相同的基因，而这类基因可以编码光合作用所必需的蛋白，从而促进叶绿体运转，也就是说，基因完成了从植物到动物的横向转移。

正如前面所述，关于基因的传递一般是纵向的，自然界中横向的基因转移也较为普遍，比如细菌间转移抗性基因，可以增强对抗生素的抗性，进而增加存活概率，但它们是单细胞生物，像这种实现功能基因转移的多细胞生物，在自然界非常难得，特别是这种情况发生在两个不同的物种间，更是极为罕见。最神奇的地方还在于，这种基因的横向转移居然依靠进食完成。

当然，上述情况在自然界中是自发完成的，而现在人类也在进行人工遗传物质横向转移，在基因工程方面也取得了丰硕的成果。随着基因的横向转移研究工作的进一步深入，我们相信现代生物学技术的科学运用，能够在未来造福人类。

第 15 课

DNA 出错了怎么办?

　　人非圣贤，孰能无过？人的一生会出现各种各样的错误，作为遗传信息的 DNA 也不例外，有时是体内自身复制过程中产生错误，有时是持续暴露在外界环境的损害中引发错误。不管是哪一种，对所有生物来说都是一种致命的威胁。为了解决这种难题，细胞建立了一系列复杂的 DNA 修复通路来校正异常的 DNA 损伤，从而确保遗传信息的正确度。这种 DNA 修复机制在各个物种间是高度保守的，因为无论是单细胞生物酵母，还是多细胞生物人类，都找到了对应的 DNA 修复机制。

　　细胞拥有检查并修复 DNA 错误的能力。为什么细胞要具备这种能力？因为一旦这一能力失去或减弱，DNA 的错误就可能被保存下来，进而会导致基因发生突变。那么，DNA 出错是如何被修复的呢？

　　DNA 损伤修复机制的选择很大程度上是根据损伤类型来决定的，其中光修复是最早被发现的 DNA 修复方式，因为人们发现细菌在紫外线照射下会进入生长抑制状态，而可见光可以帮助细胞从生长抑制的状态中恢复。

　　核苷酸切除修复则是最复杂的 DNA 修复机制，活细胞可以通过这个机制处理多种类型的 DNA 损伤。还有一些损伤不太严重，主要由体内自发的生化反应或体外环境造成，例如微小的碱基损伤。这些损伤并不会严重影响 DNA 双螺旋结构，那碱基切除修复就派上用场了。

DNA 的一生要进行很多次复制，在那么多次复制中，出现一点错误是在所难免的，例如错误的碱基配对形成后，会扭曲双链 DNA 螺旋，这种错配有可能会引起突变。那么，在合成过程中就要进行校对，通过外切酶将错误的核苷酸切掉。不过，还有一些错配可能没有被外切酶校对出来，这时就需要碱基切除修复。

相较于 DNA 单链上的单个核苷酸或者碱基的损伤，在哺乳动物体内，DNA 双链断裂造成的 DNA 损伤是最常出现的情况，并且双链断裂的危险性更高，带来的危害也更严重，如果不被及时修复，可能会引起染色体畸变。造成 DNA 双链断裂的原因有很多，分为体外和体内两种，体外的电离辐射包括 X 射线等很容易导致损伤。哺乳动物可以通过同源重组和非同源末端连接等方式修复 DNA 双链断裂。这两种 DNA 双链修复方式不仅可以减少由 DNA 双链断裂引起的细胞死亡和畸变，还可以维持基因组的稳定，在一定程度上防止原癌基因的激活。

正因为 DNA 修复机制如此重要，所以，一旦修复系统功能异常，就会导致基因组紊乱，进而引起很多先天性疾病和癌症的发生。由于"DNA 损伤修复机制"的发现，2015 年，瑞典皇家科学院授予托马斯·林达尔、保罗·莫德里奇和阿齐兹·桑贾尔三位科学家诺贝尔化学奖。

第 16 课

如果人类基因可以被随意编辑，这个世界会怎样？

人类基因编辑技术的研究和应用，近年来被广泛关注。它所带来重大的技术变革，引发了关于生命的思考。首先，什么是基因编辑？基因编辑就是通过技术手段对目标基因进行针对性的修饰。目前，最常用的技术是 CRISPR/Cas 技术。其中"CRISPR"不是单个单词的意思，而是指代名词的首字母缩写，全称为规律成簇间隔短回文重复序列（clustered regularly interspaced short palindromic repeats），最早在细菌体内被发现。当细菌被外部攻击时，一种关键的蛋白质 Cas9 会匹配病毒的 DNA，从而破坏并让其失去功能。人类通过同样的程序可以对 DNA 进行插入、删除和修补。这项技术见效快、花费少，因此具有广阔的前景。理论上，人类可以通过基因修正对很多重大疾病进行治疗，或者通过 CRISPR 提升 T 细胞的作用，从而帮助免疫系统提升识别和杀死癌细胞的效率。这不仅体现在癌症治疗上面，研究人员也能够把这项技术应用到很多血液和免疫系统相关疾病的治疗上。不过，即便这项技术如此先进，但在对病患进行真正的临床试验时，研究人员还是必须慎之又慎。

由于基因编辑技术涉及遗传物质的变化，因此，其应用也给人类安全和伦理带来不小的风险。以 CRISPR/Cas9 技术为例，第一，技术本身还有完善的必要，存在未能攻克的脱靶效应，也就是没有达到预先设定的目标，从而导致 Cas9 酶作用于非预期的基因目标而产生不良反应，这是基因编辑亟待解决的技术难题；第二，基因编辑的应用可能引发人体免疫反应，如何兼顾既能够使用外源 CRISPR 体系，又不会刺激机体产生强烈的免疫反应，这是科学家需要解决的难题。此外，在胚胎中进行基因编辑，如何避免胚胎中的部分细胞被"遗漏"，即没有被编辑的情况发生，也是需要考虑的问题。

作为一种简便易用的技术，基因编辑存在被误用和滥用的风险。正如问题所言，如果人类基因可以被随意编辑，那这个世界会怎样呢？答案可能不会美好，因为很多未知还没有得到解释，在基因编辑的使用过程中，可能还会存在操作不当或人为因素，因而产生意想不到的变化，例如，是否会出现"超强基因"或者"超能人类"？部分对技术接受度更高的父母是否会选择利用基因编辑技术生产"定制婴儿"？这些举动可能会对人类价值观和生物进化方式产生影响，因此，我们对于此技术的实施需要谨慎应对。

针对现状，我们需要规范人类基因编辑，因为这不仅是科学问题，更涉及伦理范畴。

现在，基因编辑更倾向于一种防御策略，即帮助因基因变异而导致疾病的患者恢复健康。如果把基因编辑当作潘多拉的魔盒，一旦打开它，再想关闭就难了，因此，面对相关问题，我们一定要慎之又慎。

第 17 课

人类可以合成基因吗？

基因的重要性不言而喻。随着对基因研究的深入，人类不只想停留在了解、认识的层面，还想对基因进行分子层面的操作，其中基因合成就是生物学中一项关键的技术。对于 DNA 合成途径的追溯，可以到 1953 年。随着 DNA 双螺旋结构的发现，沃森和克里克也对 DNA 的复制方式提出了相应的设想。不过，当论文发表的时候，他们对于酶的作用还不甚了解，因此，他们提出了一种想法：会不会需要一种酶来完成这种聚合过程，或者已经形成的单条螺旋链可能本身具有酶的效应？与此同时，他们也提出"多核苷酸的前体是什么？"这样的问题。这些问题并没有等待太久，很快就有了回答者。

在酶促 DNA 合成发展史上，最重要的一位人物就是科恩伯格。他和他的同事从 1950 年开始进行核苷酸生物合成研究。首先是怎样合成核苷酸；之后是如何从核苷酸到核苷三磷酸；弄清楚前两个步骤后，他们最终实现合成 DNA。1967 年，他们完成了具有生命活性的 DNA 合成。在合成 DNA 的过程中，DNA 聚合酶有着不可替代的作用。在科恩伯格等人弄清楚 DNA 合成的过程中，他们发现了 DNA 聚合酶，并且将 DNA 聚合酶分离提纯，揭示了 DNA 合成的化学机理，因此，科恩伯格于 1959 年获得了诺贝尔生理学或医学奖。

在 DNA 合成过程中，DNA 聚合酶起了非常重要的作用。酶作为高效催化剂，控制着整个人体的化学反应。通常意义上的酶是一种大分子蛋白质，由众多氨基酸组合形成，可以高效地完成生物体内的催化反应，同时，对底物有高度特异性。明确 DNA 聚合酶在 DNA 合成中的关键作用后，寻找大量的 DNA 聚合酶就成为更重要的事情。经过科学家的探索，大肠杆菌成了提供丰富 DNA 聚合酶的绝佳载体，能够满足大批量 DNA 聚合酶的分离提纯。

当然，合成的脚步没有停下来。从读取基因序列到编码合成基因，人类的目光并没有局限在单个基因上面。科学家通过化学方法合成短片段的 DNA，然后组装短片段 DNA，之后就开始探索化学合成基因组。第一个被合成的是病毒基因组，之后科学家又用化学试剂合成了丝状支原体丝状亚种的 DNA，并将其植入去除了遗传物质的山羊支原体体内，并且显示出生物功能，无限接近"合成人工生命"的想法。

实现了原核生物的人工生命后，科学家的下一个目标就是真核生物。酵母是最好的选择。从 2005 年开始实施的国际"合成酵母计划"，多个国家都有参与，中国是其中之一，最终项目被宣告胜利完成。那么，接下来就是合成人的基因组。从合成酵母的基因组到合成人的基因组，实际上存在巨大的技术屏障。这从基因组规模就可见一斑。人的基因组是酵母的 270 多倍，因此，想要实现染色体移植，在酵母当中，比在人体细胞中要容易得多。这些困难能否尽快得到解决，我们拭目以待。

人类一步步走来，最终到合成生命，从简单的生命体，到复杂的生命体，人类在生命科学的高峰上不断攀登。

第 18 课

"滴血认亲" 真的可以鉴定亲子关系吗?

"滴血认亲"是我们在古装电视剧中经常见到的桥段,被用来判断两人的关系是骨肉至亲还是陌路人。不过,这个方法当真能准确无误地鉴定亲子关系吗?

古代所用的"滴血认亲"是一种合血的方法。所谓合血就是把血液合在一起,大约是在明代开始出现的。查验的双方将血滴入器皿中,然后观察是否发生凝聚,如果融为一体,就说明双方存在亲属关系。事实上这种方法局限性颇大,而且得到的鉴定结果也充满了偶然性,常常会发生"即便拥有亲子关系,血液也不一定能融合,反倒是没有亲子关系的,也有可能出现血液融合"的情况。

那么,问题出在哪里呢?事实上,当我们把几种血液混合在一起时,能否产生沉淀,主要取决于是否是相同类型的抗原抗体进行了结合。如果是同血型的血,就可以发生"融合",但不能把血型相同跟亲生证明画上等号。

我们通常所说的血型是 ABO 血型,即 A 型、B 型、AB 型和 O 型,划分的依据是血红细胞表面的 ABH 抗原类型。对于某一种确定血型的血,在红细胞膜上就会有相应的抗原,但在血清中的抗体就是不同类型的。例如 A 型血的含义是在红细胞膜上只有 A 抗原，而在血清当中含有的是 B 抗体；依此类推，B 型血的含义是在红细胞膜上只有 B 抗原，而在血清当中含有的是 A 抗体；那么 AB 型血就是同时有 A、B 两种抗原，而血清中没有 A、B 抗体；对于 O 型血，它的红细胞膜上没有 A 和 B 抗原，但在血清中同时有 A、B 抗体。

当相同类型的抗原和抗体相遇，可以发生结合，因此，以 A 型血和 B 型血为例，如果它们滴到了一起，A 型血红细胞膜上的 A 抗原就能够与 B 型血中的 A 抗体进行结合而沉淀下来。

反之亦然。红细胞由于重量增加而沉积下来，会产生很多沉淀颗粒。不同血型相混之后会发生沉淀就是建立在这个理论基础上的。另外，在影视作品中，常见的镜头是把血液直接滴入清水中，实际上这样会导致红细胞的细胞膜破裂，没有办法与抗体进行大量结合，因此，即便产生沉淀，可能肉眼都没有办法发现。

另外，还有一种滴骨法，起源更早。在电视剧《大宋提刑官》中，宋慈曾用滴骨法来检验玉娘亲生父亲的骸骨。玉娘刺破手指，指血很快渗入骸骨中，确认玉娘与死者有血缘关系。同样，这种鉴定方法也没有科学依据。无论有没有血缘关系，滴血是否渗入取决于骨质密度。如果血液滴在骨骼坚硬光滑的地方，就不会发生渗入的情况；如果滴入的位置在骨质疏松处或被腐蚀的骨骼上，那么就有可能被吸收进去，甚至连猫、狗的血液也都可能渗入。

因此，不管是滴血认亲还是滴骨法，都无法准确完成亲子鉴定。即便血型相同，也不能自动证明就是亲生的，还需要其他线索依据。特别是现代科学发展到今天，几乎没有人再使用这种不可靠的方法，只有 DNA 鉴定才是准确认定血缘关系的方式。

第 19 课

基因检测靠谱吗?

随着个性化医疗的到来,以及越来越多的人关注自身健康,基因检测变得越发火热。那么,什么是基因检测呢?

基因检测就是通过血液、组织、细胞分泌物等对生物 DNA 分子进行检测的技术。通常的流程是先从被检测者那里获取相应物质,然后将里面的基因信息扩增,再通过专业设备检测其中的 DNA 分子信息,分析基因类型和存在的基因缺陷。

通常基因复制传递遗传信息给下一代是相对保守稳定的,不过,基因复制过程出错或者后天环境影响会引发突变,从而增加个体患病的概率。除了外伤,疾病跟基因息息相关。基因检测可以提供罹患疾病的风险概率,就像是人体健康的地雷探测器一样。基因检测是精准医疗的开端,因为传统生物标志物、生化检查和影像检查不能完全覆盖。根据 DNA 分子层面的变化给出预警信号是未来的趋势。

伴随着基因检测的兴起,也有一些概念让人捉摸不透。例如,很多人认为自己定期体检,没必要做基因检测。首先,基因检测不等于体检,因为基因检测是防患于未然。基因检测并不能直接检验得到患病的结果,它只是给出遗传风险预警信息。还有人认为,如果基因检测的结果是患病高风险，那么就立马或一定会患病！事实上，即便具有高风险也不代表一定会患某种疾病，因为环境因素和个人生活方式会对最后的患病结果产生影响，积极预防才是关键。此外，还有人觉得基因检测重复次数越多越好。在正常健康的情况下，基因检测的结果是稳定的，不需要重复检测。

目前基因检测的应用场景，主要围绕三个方面：科研级别、临床级别和消费级别。在临床上的使用，目前主要针对父母对于新生儿遗传病的检测。除此之外，基因检测也能够辅助诊断一些常见病。不过，对于消费级别的基因检测，有一个要点我们需要明确：市场上消费级别的基因检测不等于临床基因监测。我们对市面上的基因检测产品和众多检测项目，甚至包括祖源谱系分析，抱持一个有趣好玩的态度去尝试完全没问题，但对结果要客观看待。很多产品利用唾液就可以检测基因。从理论上讲，由于DNA的广泛存在性，从大多数细胞中都可以获取到遗传物质。商家选择口腔黏膜上皮细胞是因为它拥有如下优点：代谢速度快、更新周期短等，可以自然脱落到唾液中。相对于抽血检测，唾液检测具有无创、方便采集的特点。

随着基因检测技术的不断发展和全民医疗保健意识的不断提升，消费级基因检测市场也会迅速增长。不过，无论出于哪种目的进行基因检测，都请注意个人信息的保护，以免基因信息被泄露或被不法人士利用。

第 20 课

Y 染色体会消失吗?

世界上大多数生物分为两性,比如,人的两性是"男""女",动物的两性是"公""母",植物的两性是"雄""雌"。对人而言,决定性别的关键是性染色体。人有 46 条染色体,其中 44 条可以配对,组成 22 对染色体,剩下的 2 条染色体男性和女性之间存在差异。男性的这两条染色体不能配对,它们的长度和大小不同,长的叫 X 染色体,短的叫 Y 染色体。不过,女性,没有 Y 染色体,只有两条 X 染色体。

与强大的 X 染色体相比,男性持有的 Y 染色体显得"弱小又无能":它的体积只有 X 染色体的三分之一;在 Y 染色体的大部分序列区域,这些 DNA 是没有功能的,能够执行功能的基因甚至不足 X 染色体的十分之一。不过,Y 染色体也有自己的核心竞争力,其上有一个基因区域叫作 Y 染色体性别决定区(SRY)。进一步的研究表明,许多哺乳动物都含有 SRY 基因,它是许多哺乳动物的雄性决定基因。

除 Y 染色体外,其他染色体(包括 X 染色体在内),具有成对出现的特点。既然成对存在,那么就拥有互为"对照"的可能性。当一方发生问题时,另一方就可以对照着把问题解决。不过,Y 染色体就没有这样的优势，它不能与 X 染色体进行对照修补。在这种背景下，Y 染色体上的基因数量就出现了一种不断减少的趋势。

据估计，在过去 3 亿年间，Y 染色体已经失去 1393 个基因，目前只剩下几十个基因。按照这样的速度发展下去，再过 1000 万年，Y 染色体上的基因就可能全部"失踪"了，包括决定性别的 SRY 基因，那么，到时候"男人"会不会就不存在了呢？

科学家用母鸡 W 染色体作为特定例子来研究这一情况。W 染色体在鸡的遗传体系中的地位，与人类男性的 Y 染色体大体相当，唯一不同的是，W 染色体是母鸡独有的。根据用途不同，鸡也有不同的分类，对此，研究者进行了详细的观察。以斗鸡为例，由于长期重视雄性特征，在斗鸡的遗传进化中，雌斗鸡 W 染色体存在退化的趋势。不过，在蛋鸡中，W 染色体却表现出了增强的趋势。研究者推测，由于下蛋是一种繁殖能力的象征，因此，可以看出母鸡 W 染色体的持续存在性。"推鸡及人"，男性 Y 染色体也面临类似的状况。虽然基因数量在进化过程中出现了大幅度的减少，但是考虑到在生殖过程当中，这些被剩下来的基因需要发挥重要的作用，因此，用长远的眼光来看，Y 染色体应该不会消失。

尽管 Y 染色体在不断退化，但是退化进程缓慢，真到那个时候，人类或许有新的机制来取代现有的性别决定方式。此外，随着生物技术的不断发展，人类可能会采取新的技术手段来延缓 Y 染色体的消失。

其实，就算 Y 染色体有一天真的消失了，男人也不一定消失。换言之，男性即便失去 Y 染色体和 SRY 基因，也可能继续生存下去。例如日本田鼠等啮齿类动物，它们和人类一样，是有胎盘的哺乳动物，尽管雄鼠没有 Y 染色体和 SRY 基因，但是依然可以健康地繁衍生息。